Ludmila Petrova-Belova

Mehrlagige mikrofluidische Systeme aus Polymeren zur zweidimensionalen Kapillarelektrophorese

Mehrlagige mikrofluidische Systeme aus Polymeren zur zweidimensionalen Kapillarelektrophorese

von
Ludmila Petrova-Belova

Dissertation, Karlsruher Institut für Technologie
Fakultät für Maschinenbau, 2010

Impressum

Karlsruher Institut für Technologie (KIT)
KIT Scientific Publishing
Straße am Forum 2
D-76131 Karlsruhe
www.ksp.kit.edu

KIT – Universität des Landes Baden-Württemberg und nationales
Forschungszentrum in der Helmholtz-Gemeinschaft

KIT Scientific Publishing 2010
Print on Demand

ISBN 978-3-86644-518-5

Mehrlagige mikrofluidische Systeme aus Polymeren zur zweidimensionalen Kapillarelektrophorese

Zur Erlangung des akademischen Grads eines

Doktors der Ingenieurwissenschaften

von der Fakultät für Maschinenbau des
Karlsruher Instituts für Technologie (KIT)
genehmigte

Dissertation

von

Dipl.-Ing. Ludmila Petrova-Belova
geboren in Zlatograd / Bulgarien

Tag der mündlichen Prüfung: 04.03.2010

Hauptreferent: Prof. Dr. rer. nat. Volker Saile

1. Korreferent: Prof. Dr. rer. nat. Bernhard Wolf

2. Korreferent: PD Dr.-Ing. Andreas E. Guber

In der Wissenschaft gleichen wir alle nur den Kindern,
die am Rande des Wissens hier und da einen Kiesel aufheben,
während sich der weite Ozean des Unbekannten
vor unseren Augen erstreckt.

Was wir wissen, ist ein Tropfen; was wir nicht wissen, ein Ozean.

Isaac Newton

Für Kostadin und Georgi

Danksagung

Die vorliegende Arbeit entstand während meiner Tätigkeit am Institut für Mikrostrukturtechnik des Karlsruher Instituts für Technologie (KIT).

Herrn Prof. Dr. Volker Saile möchte ich herzlich dafür danken, dass er mir die Möglichkeit zur Promotion gegeben hat und für die Übernahme des Hauptreferats. Herzlich danken möchte ich auch Herrn Prof. Dr. Bernhard Wolf für die Übernahme des Korreferats. Mein besonderer Dank gilt PD Dr. Andreas Guber für das große Interesse an meiner Arbeit und die vielseitige Unterstützung, sowie für die Übernahme des Korreferats.

Bei Dr. Werner Hoffmann möchte ich mich für die fachliche Betreuung und stete Unterstützung, rege Diskussionen und Gespräche besonders herzlich bedanken. Danke auch für die Freiheit, die er mir gegeben hat, eigenständig arbeiten zu können. Danken möchte ich auch meinen Arbeitskollegen Wonhee Hwang, Phillip Schierjott und Dirk Herrmann für die immer angenehme und freundliche Arbeitsatmosphäre. Insbesondere möchte ich mich bei Prof. Dr. Holger Mühlberger für seine immer freundliche und aktive fachliche Unterstützung bei den Problemlösungen bedanken.

Bei meinem Freund und Arbeitskollegen Dr. Bastian Rapp möchte ich mich für seine stetige moralische Unterstützung und Lesen der Arbeit besonders herzlich bedanken.

Darüber hinaus bedanke ich mich bei:

-Dr. Matthias Worgull, Dr. Christian Mehne und Hans Biedermann für ihre tatkräftige Unterstützung bei der Abformung der Mikrostrukturen,
-Alexandra Moritz für die in der IMT-Werkstatt gefertigten Vorrichtungen,
-Dr. Thomas Gietzelt und Lutz Eichhorn vom Institut für Mikroverfahrenstechnik (IMVT) für die prompte Fertigung der Formeinsätze und Teststrukturen,
-Dr. Wilhelm Pfleging vom Institut für Materialforschung (IMF-I) für die Laserstrukturierung der Folienchips aus PEEK,
-Horst Demattio und den Kollegen vom Institut für Prozessdatenverarbeitung und Elektronik (IPE) für ihre Hilfe bei der Erweiterung des CE-CCD-Messplatzes.

Weiterhin möchte ich mich bei allen Mitarbeitern des Instituts herzlich bedanken, die zum Gelingen dieser Arbeit beigetragen haben.

Meinen Eltern Minka und Marin möchte ich für die Unterstützung meines beruflichen Werdegangs ganz besonders danken.

Mein größter Dank gilt meinem Ehemann Kostadin und meinem Sohn Georgi für ihre stetige Liebe, unendliche Geduld und die Lebensfreude, die sie mir jeden Tag schenken.

Kurzfassung

Im Rahmen dieser Arbeit wurde ein mehrlagiges mikrofluidisches Lab-on-a-Chip-System auf Polymerbasis für den Einsatz in der chemischen Analytik, beispielsweise der Lebensmittelanalytik und Bioanalytik, entwickelt. Hierfür wurden verschiedene Chipdesigns entworfen, welche die Durchführung einer zweidimensionalen Kapillarelektrophorese (*engl. Two-Dimensional Capillary Electrophoresis, 2D-CE*) mit kapazitiv gekoppelter kontaktloser Leitfähigkeitsdetektion (*engl. Capacitively Coupled Contactless Conductivity Detection, C^{4}D*) auf einem Chip ermöglichen. Die Schwerpunkte der Arbeit waren zum einen die Herstellung der mehrlagigen CE-Chips aus biokompatiblen Polymeren und zum anderen die Untersuchung auf ihre Funktionsfähigkeit bei Realisierung einer 2D-CE gekoppelt mit C^{4}D.

Die entwickelten CE-Chips bestehen aus zwei dünnen Polymerschichten, in die zwei oder drei Mikrokanäle eingearbeitet sind, sowie einer kommerziell erhältlichen Kernspurmembran als diffusionshemmende Zwischenschicht. In der ersten Chipebene sind lange Trennkanäle angeordnet. Die Zwischenschicht besteht aus einer nanoporösen PCTE-Membran (*engl. Polycarbonate Track Etched Membrane*), welche zwischen den Mikrokanälen der unteren und oberen Chipebene angeordnet ist. In der dritten Chipebene sind kurze Injektions- und Ausschleusekanäle enthalten, die orthogonal zu den Trennkanälen positioniert sind.

Folgende Typen von dreilagigen CE-Chips wurden im Rahmen dieser Arbeit hergestellt: Folienchips mit einer integrierten Membran auf PC-COC-Basis und Folienchips auf PEEK-Basis. Die CE-Strukturen aus PC und COC wurden durch Heißprägen in dünnen Substratfolien mit einer maximalen Dicke von 200 µm bei minimalen Restschichtdicken von 30 µm abgeformt. Die für die Abformung benötigten Formeinsätze wurden durch Mikrozerspanen in Messing gefertigt, wobei der Schwerpunkt auf der Mikrostrukturierung einer Taschenform zur optimalen Integration der PCTE-Membran lag. Durch Mikrofräsen konnten Taschenformen mit einem Durchmesser von 4 mm und einer Tiefe von 5 µm auf den Formeinsätzen aus Messing strukturiert werden. Zum ersten Mal wurden dabei doppelseitig laserstrukturierten Folienchips aus dem chemisch hochresistenten Polymer PEEK gefertigt. Da 50 µm tiefe Kanäle beidseitig in eine 100 µm dicke Substratfolie generiert wurden, konnten Kanalkreuzungen mit freiem Durchgang gefertigt werden.

Die Entwicklung einer optimalen Verbindungstechnik zum zeitgleichen Bonden mehrerer mikrostrukturierten Polymerschichten war eine der wichtigen Aufgaben dieser Arbeit. Für das Bonden der CE-Folienchips auf PC-COC-Basis wurde ein thermisches Bondverfahren als lösungsmittel- und klebstofffreies Verbindungsverfahren weiterentwickelt und optimiert. Eine dauerhafte und leckagefreie fluidische Verbindung konnte insbesondere zwischen den mikrostrukturierten Schichten aus PC/COC und der integrierten Membran erreicht werden. Hierbei blieben die Poren der Membran frei und durchlässig und die Kanalgeometrie erhalten. Zum Verbinden dünner doppelseitig laserstrukturierter PEEK-Chips, bestehend aus drei Lagen, wurde das Plasma unterstützte Thermobondverfahren weiterentwickelt.

Mit den hergestellten mehrlagigen CE-Systemen wurden umfangreiche Charakterisierungen und Tests durchgeführt. Fluoreszenzmikroskopische Untersuchungen zeigten die Vorteile der Integration einer Membran im Kanalkreuzungsbereich. Während der eingesetzten elektrokinetischen Injektion wurde eine konstante und reproduzierbar injizierte Analytmenge erreicht, insbesondere wurde kein Nachströmen des Analyten in den Trennkanal während einer CE-Messung beobachtet.

Für die Durchführung der 2D-CE Messungen wurden mit den mehrlagigen CE-Chips mögliche Einsätze in der Ionenanalytik, Lebensmittelanalytik und der Bioanalytik demonstriert. Zunächst wurden sowohl eine selektive Entnahme einzelner anorganischer Ionen (K^+, Na^+, Li^+) nach einem ersten Trennschritt als auch ihre gezielte Überleitung in einen zweiten Trennkanal und deren erneuter Nachweis gezeigt. An ausgewählten Beispielen wurde eine bessere Trennung von unvollständig separierten Analytproben nach Optimierung der elektrischen und chemischen Trennbedingungen gezeigt. Als Beispiele wurden zum ersten die Bestimmung der organischen Säuren in Weiß- und Rotweinproben für die Weinanalytik, zum zweiten die Analyse von essentiellen Aminosäuren für die Bioanalytik demonstriert. Unter Verwendung von auf die Polymerchips gesputterten Dünnschichtelektroden aus Gold konnten kontaktlose Leitfähigkeitsmessungen durchgeführt werden. Hierbei konnten zum ersten Mal zwei parallele C^4D-Detektionen in zwei Trennkanälen auf einem Chip eingesetzt werden. Der Vorteil dieser Detektion besteht darin, dass keine Korrosion und Analyt-Ablagerungen (Biofouling) auf der Detektionselektroden entstehen. C^4D bietet somit die Chance, zukünftig noch kompaktere Lab-on-Chip Systeme mit noch mehr Polymerlagen aufzubauen und so die Entwicklung von räumlich dreidimensionalen Strukturen voran zu bringen.

Abstract

In this work a multilayered microfluidic lab-on-a-chip system based on polymer has been developed for potential applications in chemical, food and bio analytics. Different chip designs were developed, which allowed the fabrication of a chip for two-dimensional capillary electrophoresis (2D-CE) with capacitively coupled contactless conductivity detection (C^4D). The two main aspects of this work were the fabrication of the multilayered CE chips from biocompatible polymers and the functional testing of the designed 2D-CE chips coupled with C^4D.

The CE chips consist of two thin polymer layers in which two or three microchannels are embedded, as well as a commercially available ion track-etched membrane serving as a diffusion-restraining interlayer. The first chip layer has an array of long separation channels. The intermediate layer consists of a nanoporous PCTE membrane (*Polycarbonate Track Etched Membrane*) which is positioned between the microchannels of the lower and upper chip level. The third chip layer includes short injection and collection channels which are positioned orthogonally to the separation channels.

The following three layered CE chip types were produced in this work: foil chips with an integrated membrane based on PC or COC polymer and foil chips based on PEEK polymer. CE structures from PC and COC polymer were moulded by hot embossing in thin substrate foils with a maximum thickness of 200 µm, with a minimum residual film thickness of 30 µm. The mold inserts required for replication by hot embossing were fabricated by micromechanical machining in brass. The main focus thereby was the microfabrication of a special pocket form in the mold insert, which is required for the integration of the PCTE membrane. Pocket geometries with a diameter of 4 mm and a depth of 5 µm on the brass mold insert could be fabricated by micro milling. In addition, for the very first time, double-sided laser-structured CE foil chips were produced in chemically resistant PEEK polymer. Because 50 µm deep microchannels were generated on both sides in 100 µm thick substrate foils, channel cross-sections with free interconnections could be produced.

The development of an optimal sealing technology for simultaneous bonding of several microstructured polymer layers was one of the important challenges of this work. For the bonding of CE foil chips on PC-COC polymer base, a thermal bonding technique was optimized as an adhesive and solvent free sealing method. A long-term non leaking microfluidic interconnection could be achieved in particular between the microstructured PC/COC layers and the integrated nanoporous membrane. After the thermal bonding process, membrane pores were preserved and remained permeable and the microchannel geometry was without deformation. For bonding of thin laser-structured PEEK CE chips on both sides, designed as a three layer chip, plasma assisted thermal bonding method was used.

Extensive characterizations and tests were carried out in this work using the fabricated multilayered microfluidic CE systems. Fluorescence microscope imaging of fluid streams showed the advantages of the integration of a nanoporous membrane into the microfluidic channel cross-section area. During applied electrokinetic injection a constant and reproducible injected sample plug was achieved. In particular, no analyte was observed downstream in the separation channel during the CE measurement.

Possible applications for 2D-CE separation were demonstrated with the multilayered microfluidic CE chips in ion analytics, food analytics and bioanalytics. Firstly, a selective collection of single inorganic ions (K^+, Na^+, Li^+) was shown after the first separation step as well as its directed transfer into the second separation channel and a subsequent second separation and detection. An improved separation was shown by incompletely separated analytical sample after optimization of the electric and chemical separation conditions for selected applications. The following applications have been demonstrated: firstly the separation of the organic acids in white and red wine for wine analysis; secondly the analysis of essential amino acids for bioanalytics. Using thin film gold microelectrodes sputtered on the back side of the polymer chip, capacitively coupled contactless conductivity detection (C^4D) could be demonstrated. Two simultaneous C^4D detections could be implemented here for the first time in two separated parallel channels on a multilayered CE chip. This detection technique circumvents corrosion and biofouling on the detection electrodes. Therefore C^4D offers the possibility to build an even more compact lab-on-chip system arranged with even more polymer layers and thus promote the development of spatially three-dimensional structures in future.

INHALTSVERZEICHNIS

1 Einleitung

1.1 Motivation

„Mikrotechnologien bringen Leben in die Life-Science-Branche" [1]. Die Bereiche der Biomedizintechnik, Biotechnologien, Pharmazeutischen Industrie und Umwelttechnik werden heutzutage als Biowissenschaften (Life-Sciences) bezeichnet. Eine Studie des Bundesministeriums für Bildung und Forschung (BMBF) zeigt, dass die wichtigsten zukunftsrelevanten Schlüsseltechnologien in der Medizintechnik die Zell- und Biotechnologie, die Informationstechnologie, die Mikrosystemtechnik und die Nanotechnologie sind [2]. Neben der Computerisierung durch die Informationstechnologie und der Molekularisierung durch die Biotechnologie wird insbesondere die Miniaturisierung durch die Mikrosystemtechnik als Entwicklungstrend weitergehend an Bedeutung gewinnen. Medizintechnische Applikationen auf Basis der Mikrosystemtechnik werden derzeit bereits vermehrt eingesetzt. Typische Beispiele dafür sind Implantate wie Herzschrittmacher, Gefäßstützen (Stents) und Neuroprothesen, Medikamentendosiersysteme zur Therapie und minimal-invasive chirurgische Instrumente für Operationseingriffe.

Mikrosystemtechnische Lösungen im Bereich der Mikrofluidik sind in erster Linie im biotechnologischen Analysebereich wie z. B. in der analytischen Chemie und Labortechnik zu finden. Miniaturisierte Strukturen und Funktionen wie z. B. Mikrokanäle, Mixer, Filter, Mikroventile, Mikropumpen, Detektoren und Sensoren lassen sich mittels Mikro- und Nanotechnologie realisieren [3]. Damit können komplette mikrofluidische Analysesysteme µTAS (*engl. Micro Total Analysis Systems*) hergestellt werden, die kompakt und gleichzeitig automatisierbar sind. Anfang der 1990er Jahre wird zum ersten Mal das Konzept von µTAS von Manz et al. [4] eingeführt und seitdem wächst das Interesse an Entwicklungen solcher Mikrosysteme stetig an.

Der zunehmende Bedarf an Hochdurchsatz-Verfahren (High-Throughput-Screening) mit kleinsten Probenmengen in der analytischen Chemie fördert den effizienten Einsatz von mikrofluidischen Lab-on-a-Chip-Systemen (Labors im Scheckkartenformat), die den Transport und die Steuerung von Flüssigkeiten im Nano- und Picoliterbereich durch geschlossene Mikrokanäle ermöglichen. Als Lab-on-a-Chip-Systeme bezeichnet man mikrofluidische Analysesysteme, die verschiedene Laborprozesse wie Probenaufbereitung, Dosieren, Mischen, Synthetisieren und Analysieren auf einem Chip integrieren. Solche Mikrosysteme werden künftig bei den Anwendungsgebieten wie Point-of-Care-

Diagnostik, Prävention und Therapie von Krankheiten immer mehr an Bedeutung gewinnen [2, 5]. Als Beispiel eines Lab-on-a-Chip-Systems ist der Lilliput®-Chip (Boehringer Ingelheim microParts GmbH, Dortmund) zur Identifikation von Mikroorganismen und zum Screening von Antibiotikaresistenzen, eingesetzt in der klinischen Mikrobiologie oder der MicroDegasser® derselben Firma zum Entgasen von Flüssigkeiten für die Hochleistungs-Flüssigkeitschromatographie (*engl. High Performance Liquid Chromatography, HPLC*) auf dem Markt bekannt [6].

Ausschlaggebend für die ständig steigenden Einsatzmöglichkeiten von Lab-on-a-Chip-Systemen in den letzten Jahren ist die zunehmende Entwicklung kostengünstiger Verfahren wie z. B. die Replikationstechniken Mikrospritzgießen und Mikroheißprägen zur Herstellung mikrofluidischer Bauteile aus Kunststoffen. Laut einer SWOT-Analyse (*engl. Strengths, Weaknesses, Opportunities, Threats*) liegt ein großes Potential zur Eröffnung neuer Forschungsfelder im Bereich der Mikrosystemtechnik insbesondere im Bereich der Life-Sciences bei der Mikro-Nano-Integration und der Entwicklung und Herstellung innovativer Mikrosysteme auf Polymerbasis für die Massenproduktion [7]. Das Ziel ist dabei, die im Dauergebrauch verwendeten medizintechnischen und diagnostischen Systeme mit Einwegprodukten zu ersetzen und somit die Kosten für den Betrieb des Systems zu reduzieren.

Einer der Schwerpunkte im Bereich der Mikrofluidik liegt in der Entwicklung und Fertigung von Lab-on-a-Chip-Systemen für die Analytische Chemie speziell für die instrumentelle Ionenanalytik, die Lebensmittelanalytik und die Bioanalytik. Dabei hat sich die Kapillarelektrophorese (CE), bezeichnet als HPCE (*engl. High Performance Capillary Electrophoresis*), zur Separation von Ionen in Mikrokapillaren beim Anlegen eines elektrischen Feldes als eine einfache, schnelle und zuverlässige Trennmethode bewährt [8]. Erste Publikationen zur Übertragung des konventionellen Prinzips der CE und dessen Miniaturisierung auf einem planaren Chip aus Glas wurden im Jahre 1992 veröffentlicht [9, 10]. Die produktspezifische Entwicklung solcher Analysechips, basierend auf CE als Trennmethode, steigt seitdem ständig an und erschließt weitergehend neue Applikationen im Life-Sciences-Bereich. Der besondere Vorteil der miniaturisierten CE-Strukturen liegt in verringertem Verbrauch von Probenvolumina und der Möglichkeit die Systeme als portable Lösung zur direkten Vor-Ort-Analyse (Point-of-Care) einzusetzen. Derzeit sind CE-Chips speziell zur Analyse von DNA, RNA und Proteinen [11-14] und zum breiteren Einsatz in der Analytik und Diagnostik [15, 16] kommerziell erhältlich.

Die Analyse komplexer Biomolekülmischungen wie z. B. Peptide, Proteine oder DNA-Fragmente erfordert meistens zwei oder mehrere Trennschritte unter verschiedenen Trennbedingungen in den Mikrokapillaren [17]. In der instrumentellen Analytik wird jeder einzelner Trennschritt (Extraktion, Reinigung) als eine Dimension betrachtet, d. h. jede Vortrennung macht eine Trennung mehrdimensional. Durch die Kombination verschiedener Trenntechniken entstehen multidimensionale Trennsysteme, im Idealfall bei orthogonalen Trennkriterien. Sie werden heutzutage als moderne Kopplungstechniken unter dem Begriff *"hybrid techniques"* oder *"hyphenated techniques"* bezeichnet [18]. Im Bereich der instrumentellen Analytik werden die Miniaturisierung und die Weiterentwicklung solcher Kopplungstechniken als aktuelle Trends für die nächsten Jahren definiert [19, 20].

Bei einer eindimensionalen CE (1D-CE) kann es vorkommen, dass komplexe organische Stoffgemische aufgrund sehr ähnlicher Wanderungsgeschwindigkeiten ihrer Hauptbestandteile in einer Elektrolytlösung nicht vollständig von einander getrennt werden können. Mit einer zweidimensionalen Kapillarelektrophorese (2D-CE) ist eine effiziente, hochselektive und simultane Auftrennung komplexer Gemische bei kürzeren Analysezeiten möglich. Speziell in der Proteomik haben sich konventionelle Trennverfahren wie 2D-Gelelektrophorese bereits sehr gut etabliert [21]. Die Nachteile bei dieser Technik sind sowohl die zeitaufwendigen Probenvorbereitungsschritte und die damit erhöhten Analysekosten als auch die schlechte Reproduzierbarkeit der Messungen. Die Realisierung multidimensionaler Trennungen von biologischen Gemischen wird auch durch Kopplungstechniken wie z. B. 2D-LC [22, 23] (zweidimensionale Flüssigchromatographie), bezeichnet auch als LCxLC oder 2D-GC [24] (zweidimensionale Gaschromatographie), bekannt auch als GCxGC, sichergestellt. Nachteilig sind dabei die aufwendige und komplexe Apparatur und die mangelhafte Eignung dieser Techniken zur Miniaturisierung. Die Anwendung einer 2D-CE erlaubt dagegen die Nutzung aller Vorteile. Dazu zählen hohe Trennleistung, kurze Analysezeiten, Miniaturisierbarkeit, Automatisierbarkeit und die Flexibilität dieser Methode.

1.2 Zielsetzung

Im Rahmen dieser Arbeit soll ein mehrlagiges mikrofluidisches Lab-on-a-Chip-System auf Polymerbasis für den Einsatz in der chemischen Analytik z. B. Lebensmittelanalytik und/oder Bioanalytik entwickelt werden. Bei der Durchführung einer 2D-CE auf einem Chip mittels kontaktloser Leitfähigkeitsdetektion *(engl. Contactless Conductivity Detection - CCD)* soll das neuartige System zur Analyse komplexer Biomolekülmischungen, die meistens mehrere Trennschritte unter verschiedenen Trennbedingungen erfordert, verwendet werden. Entsprechend dem Konzept der zweidimensionalen Kapillarelektrophorese (2D-CE) soll der neu entwickelte 2D-CE-Chip zwei hintereinander geschaltete Trennschritte ermöglichen. Dies bedeutet, dass nach einem ersten Trennschritt aus einer noch unvollständig separierten Molekülmischung eine Fraktion an einer definierten Stelle des Analysesystems gezielt entnommen und in ein weiteres Trennkanalsystem überführt werden kann. Um eine bessere Trennleistung erreichen zu können, sollen die beiden Trennschritte möglichst unter verschiedenen elektrischen oder chemischen Bedingungen durchgeführt werden.

Ein geeignetes Chipdesign im Mehrlagenaufbau soll zur optimalen Anordnung der Mikrokanäle für die Durchführung einer 2D-CE entwickelt werden, wobei die Kanäle zur Injektion und Trennung in zwei separaten Ebenen angeordnet sind und der elektrokinetische Fluidtransport in den Kanalkreuzungsbereichen durch die Ebenen erfolgt. Ein Schwerpunkt der Arbeit liegt auf der Gestaltung der Übergabestellen zwischen den Mikrokanälen der einzelnen Ebenen. Der Probentransport in den Übergabestellen soll durch die Integration einer Kernspurmembran *(engl. Nuclear Track Etched Membrane)* ermöglicht werden. Die Aufgabe der Membran liegt darin zum einen die Fluidverbindung zwischen den übereinander liegenden Mikrokanälen zu sichern und zum anderen das Nachdiffundieren von Flüssigkeiten zwischen den Ebenen einzuschränken.

Die im Rahmen dieser Arbeit entwickelten 2D-CE-Chips sollen aus Polymeren hergestellt werden, was eine kostengünstige Alternative zu den CE-Chips aus Glas darstellt, die derzeit überwiegend in der Praxis Anwendung finden. Besonderes Augenmerk gilt der Auswahl der Polymermaterialien für den Einsatz in der Bioanalytik. Gute Biokompatibilität und hohe chemische Resistenz der Materialien sind Voraussetzung für die Analytik in diesem Gebiet, wo häufig empfindliche Stoffgemische (z. B. Blut, Nährstofflösungen, Pharmaka, etc.) untersucht werden müssen. Zunächst wird die Herstellung der mehrlagigen CE-Systeme aus Polycarbonat (PC), anschließend aus den biokompatiblen Polymeren Cycloolefin-Copolymer (COC) und Polyetheretherketon (PEEK) angestrebt.

Für die Herstellung der mehrlagigen 2D-CE-Systeme wird bevorzugt das Vakuumheißprägen als Abformungstechnik eingesetzt, welches zu den Kernkompetenzen des Instituts für Mikrostrukturtechnik (IMT) zählt. Die Abformung von Mikrokanälen erfolgt dabei in sehr dünnen Polymersubstraten (mit einer Gesamtdicke bis 200 µm) mit möglichst kleinen Restschichten. Somit wird eine ausreichende Messempfindlichkeit für die CCD-Detektion erreicht. Weiterhin müssen diese Polymersubstrate angepasste Bereiche zur Integration von allen Mess- und Steuerelektroden aufweisen, die zur Durchführung einer CCD notwendig sind.

Einer der Schwerpunkte dieser Arbeit liegt auf der Entwicklung eines lösungsmittel- und klebstofffreien Verbindungsverfahren der einzelnen mikrostrukturierten Polymerschichten. Eine passgenaue und leckagefreie Verbindung der Schichten soll die Montage sämtlicher Einzelteile zu einem mehrlagigen Chip ermöglichen. Entscheidend ist hierbei das zuverlässige Verbinden der integrierten nanoporösen Membran mit den Mikrokanälen der einzelnen Ebenen, wobei die Membranporen durchlässig bleiben und die Kanalgeometrie nicht beeinträchtigt wird.

Ein anderer Schwerpunkt liegt auf der Integration der Detektionstechnik in den Mehrlagenaufbau. Hier soll die elektrische Methode der CCD, bekannt in der Literatur auch als C^{4}D (*engl. Capacitively Coupled Contactless Conductivity Detection*) zum Einsatz kommen. Diese Detektionstechnik ermöglicht eine ohne störende optische, chemische und elektrische Interferenzen durchführbare Messung der gewünschten Probesubstanzen an definierten Stellen in den Mikrokanälen. Sie ist zudem technologisch kompatibel zu den für die Chipherstellung ausgewählten Prozessen. Zwei parallele CCD-Detektionen sollen zum ersten Mal in beiden Trennkanälen der mehrlagigen Chips erfolgen.

Aufbauend auf einem am IMT bereits vorhandenen CE-CCD-Teststand [25] soll der Messplatz zur Demonstration von 2D-CE-Trennungen erweitert und optimiert werden. Abschließend soll die Funktionsfähigkeit der hergestellten mehrlagigen 2D-CE-Systeme an geeigneten Testsubstanzen nachgewiesen und somit die potentielle Anwendung für 2D-CE-Trennungen demonstriert werden.

1.3 Aufbau der Arbeit

In Kapitel 2 werden die theoretischen Grundlagen der Kapillarelektrophorese und der kontaktlosen Leitfähigkeitsdetektion beschrieben.

In Kapitel 3 werden zunächst die Materialeigenschaften der verwendeten Polymere (3.1) vorgestellt. Weiterhin werden die eingesetzten Fertigungstechnologien (3.2) und die Verbindungstechnik (3.3) erklärt.

In Kapitel 4 werden die Entwicklungsschritte zur Herstellung mehrlagiger mikrofluidischen Systeme aus Polymeren erläutert, wobei eine chronologische Darstellung der durchgeführten Prozesse präsentiert wird. Die Designentwürfe für mehrlagige Chips zur 2D-CE werden zunächst in 4.1 vorgestellt. Anschließend wird die zu integrierende nanoporöse Membran (4.2) charakterisiert. Nachfolgend werden zum ersten die gefertigten CE-Strukturen in CE-Folienchips mit integrierter Membran auf PC-COC-Basis (4.3) und zum zweiten in CE-Folienchips ohne integrierte Membran auf PEEK-Basis (4.4) eingeteilt. Insbesondere wird hierbei auf die verwendeten Fertigungstechnologien zur Mikrostrukturierung und die neu entwickelte Verbindungstechnik eingegangen sowie die daraus resultierenden Ergebnisse werden präsentiert. Kapitel 4 wird mit Methoden zum Aufbringen der CCD-Messelektroden (4.5) und der Reservoirstrukturen (4.6) auf den gefertigten Chips abgeschlossen.

In Kapitel 5 wird auf die Charakterisierung der hergestellten mehrlagigen CE-Strukturen eingegangen. Vorgestellt werden zunächst der Aufbau und die erfolgte Optimierung des CE-CCD-Messplatzes (5.1) und die allgemeine Versuchsdurchführung (5.2). Die gewonnenen Ergebnisse nach der Durchführung von CE-Messungen zur Chipfunktion (5.3) werden nachfolgend dargestellt. Zum Schluss werden die entstandenen 2D-CE-Auftrennungen bei simultaner CCD-Detektion (5.4) vorgestellt und diskutiert.

In Kapitel 6 werden abschließend die Ergebnisse dieser Arbeit zusammengefasst.

2 Theoretische Grundlagen

2.1 Grundlagen der Kapillarelektrophorese (CE)

Die Grundlagen für die Elektrophorese wurden Ende des 19. Jahrhunderts (1879) durch das erste Gesetz von Kohlrausch (Gesetz der unabhängigen Ionenwanderung) beschrieben [26]: „Geladene Teilchen wandern in einer Lösung unter dem Einfluss eines elektrischen Feldes mit unterschiedlicher Geschwindigkeit". Dieses Phänomen wurde im Anschluss zu Kohlrausches Gesetz experimentell gründlich untersucht.

Die Einführung der Elektrophorese als Analysetechnik erfolgte erst im Jahre 1937 durch Arbeiten von Arne Tiselius über die Trennung von Serumproteinen in einem mit Pufferlösung gefüllten Rohr [27]. Für seine Entdeckungen über die komplexe Natur von Serumproteinen wurde er 1948 mit dem Nobelpreis ausgezeichnet [28]. Bei der so genannten klassischen Elektrophorese, eingeführt von Tiselius, wurden beim Trennungsprozess Gele und Papierstreifen, die mit Elektrolytlösungen imprägniert waren, verwendet. Um die dabei aufgetreten störenden Konvektionseffekte zu minimieren, versuchte man die elektrophoretische Trennung auf offene Rohre zu übertragen. Im Jahre 1967 gelang Hjertén die erste Trennung in einer offenen rotierenden 3 mm dicken Glasröhre mit einer verbesserten Trennleistung [29]. Erst gegen Ende der 70er Jahre begann die eigentliche Entwicklung der Kapillarelektrophorese mit den Arbeiten von Mikkers at al. [30]. Zum ersten Mal wurden dabei Trennkapillaren mit einem Innendurchmesser von 200 µm bis 500 µm verwendet. Durch den Einsatz von Fused-Silica Kapillaren mit noch kleinerem Innendurchmesser von 75 µm konnten zu Beginn der 80er Jahre Jorgenson und Lukacs hocheffiziente Trennleistungen mittels Kapillarelektrophorese realisiert werden [31]. Die Reduzierung des Innendurchmessers führte zu einem erhöhten Oberflächen-Volumen-Verhältnis in den Kapillaren, welches die thermisch induzierte Konvektion deutlich verringerte. In den späten 80er Jahren nahm das Interesse an der Kapillarelektrophorese-Trenntechnik aufgrund der einfachen Apparatur erheblich zu. In den Jahren 1988/89 wurden schließlich die ersten kommerziell erhältlichen Kapillarelektrophoresegeräte auf den Markt gebracht [32].

Der Begriff "Kapillarelektrophorese (CE)" ist ein Sammelbegriff für eine Vielzahl verschiedener elektrophoretischer Trenntechniken: Kapillarzonenelektrophorese (CZE), Kapillargelelektrophorese (CGE), Micellare Elektrokinetische Chromatographie (MEKC), isoelektrische Fokussierung (CIEF), kapillare Isotachophorese (CITP), Kapillarelektrochromatographie (CEC). Eine ausführliche Einführung in Theorie und Praxis ebenso wie einen Übersicht über die zahlreichen Anwendungen der Trennmethode CE sind in [17, 33-35] gegeben. In der Analytik hat sich die CE sehr gut etabliert insbesondere wegen des geringeren Chemikalienverbrauchs, der hohen Trenneffizienz, der guten Automatisierbarkeit und der breiten Adaptierbarkeit der Trennbedingungen.

Die Kapillarelektrophorese beruht auf den gleichen Prinzipien wie die konventionelle Elektrophorese, übertragen auf eine Trennung in dünnen Kapillaren. Unter Elektrophorese versteht man die Bewegung von geladenen Teilchen (Ionen) in einem Trägermedium (Pufferlösung) unter dem Einfluss eines Gleichstromfeldes. Diese Teilchen haben unterschiedliche Wanderungsgeschwindigkeit in Abhängigkeit von ihrer Ladung, Form und effektiven Größe, sowie der verwendeten Pufferlösung und der Stärke des elektrischen Feldes. Dies führt zur Trennung eines Stoffgemisches in seine verschiedenen Bestandteile. Der Hauptvorteil der Kapillarelektrophorese liegt in den sehr kleinen Probenvolumina (im Bereich weniger Nanoliter) und den kurzen Analysezeiten im Vergleich zur herkömmlichen Gelelektrophorese.

Die Kapillarzonenelektrophorese (CZE), oft auch nur als Kapillarelektrophorese (CE) bezeichnet, ist, bedingt durch die einfache Handhabung und Vielseitigkeit, die am häufigsten verwendete Trennmethode. Aus diesem Grund kommt sie auch im Rahmen dieser Arbeit zum Einsatz. Da die Trennkapillare bei der CZE ausschließlich mit Pufferlösung mit konstanter Zusammensetzung und gleich bleibendem pH-Wert gefüllt wird, ist die CZE die einfachste Form der CE. Die Trennung eines Stoffgemisches erfolgt dabei durch die Migration der Hauptbestandteile in diskreten Zonen mit unterschiedlichen elektrophoretischen Geschwindigkeiten. Die diskreten Zonen beinhalten somit die Moleküle aus der Probensubstanz, welche gleiche Größe und gleiche Ladung haben.

2.1.1 Konventioneller Aufbau

Der prinzipielle Aufbau der CE-Technik ist in Abb. 2-1 schematisch dargestellt. Im Wesentlichen besteht die CE-Apparatur aus einer Kapillaren, Elektroden (Anode bzw. Kathode), zwei Puffergefäßen, einem mit Analyten gefüllten Gefäß, einer Hochspannungsquelle sowie einem Detektor. Kommerziell erhältliche Kapillarelektrophoresegeräte sind heutzutage zusätzlich mit einem automatischen Probensammler, einer Vorrichtung zum Anlegen von Druck und zur Thermostatisierung der Kapillare und einem Computer zur Steuerung und Auswertung ausgestattet [35]. Die Trennung einer Substanz findet hier in einer mit Puffer gefüllten Kapillare statt. Meistens werden Quarzglaskapillaren verwendet, welche üblicherweise einen Innendurchmesser zwischen 25 bis 100 µm besitzen. Um Bruchgefahren bei der Handhabung solcher dünnen Glaskapillare zu vermeiden, beschichtet man sie in der Regel mit Polyimid. Für die meisten Applikationen wird eine 30 bis 100 cm lange Kapillare verwendet, die in zwei Puffergefäße eingetaucht wird.

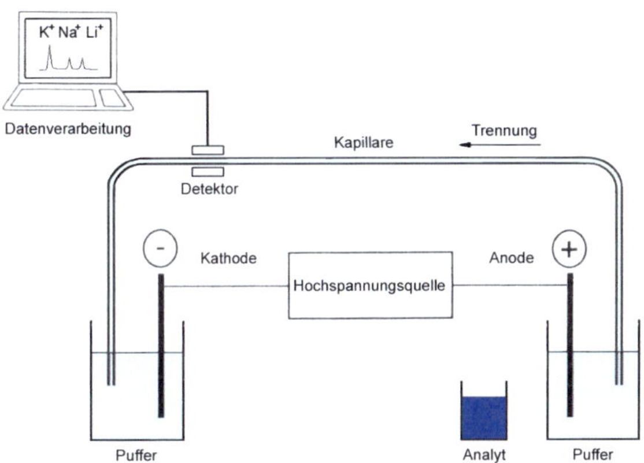

Abb. 2-1   Konventioneller Aufbau in der CE

Zur Durchführung der Kapillarelektrophorese wird eine Hochspannungsquelle benötigt, deren Pole in je eines der beiden Puffergefäße eingetaucht werden. Zwischen den Kapillarenden wird eine elektrische Gleichspannung von bis zu 30 kV angelegt und dabei typische Feldstärken von 100 bis 500 V/cm erreicht. Zur Analyten-Injektion wird der Kapillareingang in das Analyt-Reservoir eingetaucht. Die Injektion kann entweder elektrokinetisch d. h. durch Anlegen einer Spannung oder hydrodynamisch durch Druck oder Vakuum erfolgen. Nach durchgeführter Injektion wird der Kapillareingang wieder ins Puffergefäß zurückgebracht und die Hochspannung eingeschaltet. Die geladenen Moleküle der zu analysierenden Probe werden im elektrischen Feld entsprechend ihrer unterschiedlichen Wanderungsgeschwindigkeit in der elektrolytgefüllten Kapillare aufgetrennt. Die Ionen werden je nach Masse, Ladung und Mobilität unterschiedlich schnell zum Kapillarausgang in Richtung der Gegenelektrode kurz beschleunigt, dabei wandern die kleinsten Moleküle mit der größten Ladung am schnellsten. Sie durchqueren abschließend den Detektor am Ende der Kapillare, mittels welchem eine qualitative und quantitative Analyse möglich ist. Das erfasste Detektorsignal über die Zeit ergibt das so genannte

Elektropherogramm. Mögliche Detektionsverfahren werden in Kapitel 2.2 diskutiert, insbesondere wird auf die im Rahmen dieser Arbeit verwendete Detektionstechnik eingegangen.

2.1.2 Kapillarelektrophorese im Chip-Format

Die Übertragung des konventionellen Prinzips der CE und dessen Miniaturisierung auf einem planaren Chip entstand Anfang der 1990er Jahre [9, 10]. Diese Systeme werden heute als Schrittmacher in der Entwicklungsgeschichte von Lab-on-a-Chip-Systemen angesehen. Als Resultat der Übertragung und der Miniaturisierung der CE auf einen Chip ergeben sich einige Vorteile wie beispielsweise kürzere Analysezeiten, geringere Analytmengen sowie die Möglichkeit zur Parallelisierung und Automatisierung der Analyse.

Planare CE-Systeme auf dem Chip werden mittels photolithographischen Ätzprozessen aus der Halbleiterindustrie meist aus Glas hergestellt [36]. Dies ist eine teuere und technisch aufwendige Prozessierung. Zur Substituierung der Glaschips werden heute vermehrt Polymere untersucht.

Ein planarer CE-Chip wird typischerweise durch zwei sich kreuzende Mikrokanäle dargestellt, eingearbeitet in ein Substrat (siehe Abb. 2-2). Eine glatte unstrukturierte Platte dient dabei als Deckel. An jedem Kanaleingang und Kanalausgang befindet sich jeweils ein Reservoir. Der kürzere Kanal, der so genannte Injektionskanal, dient zur Injektion des Analyten vom Analyt-Reservoir in den Trennkanal. Im langen Kanal, dem so genannten Trennkanal wird die Separation der Probe durchgeführt. Die beiden Kanäle sind meistens orthogonal zueinander auf dem Chip angeordnet. In alle vier Chipreservoirs werden Elektroden zum Anlegen der Hochspannung in die Mikrokanäle eingetaucht. Die zu analysierende Probe wird über das angelegte elektrische Feld über den Injektionskanal in Richtung des Kanalkreuzes transportiert, der Rest der Probe bewegt sich in Richtung Analyt-Waste-Reservoir. Durch die Umschaltung der Hochspannung über den Trennkanal wird die im Kanalkreuzungsbereich vorliegende Analytmenge in den Trennkanal überführt. Die aufgetrennten Ionen werden am Ende des Separationskanals beispielsweise elektrisch oder optisch detektiert und im Puffer-Waste-Reservoir gesammelt. Dieses Chipdesign ermöglicht auf kurzer Trennstrecke die Durchführung eines Trennvorgangs unter einmal vorgegebenen Trennbedingungen, man spricht auch von einer eindimensionalen CE (1D-CE).

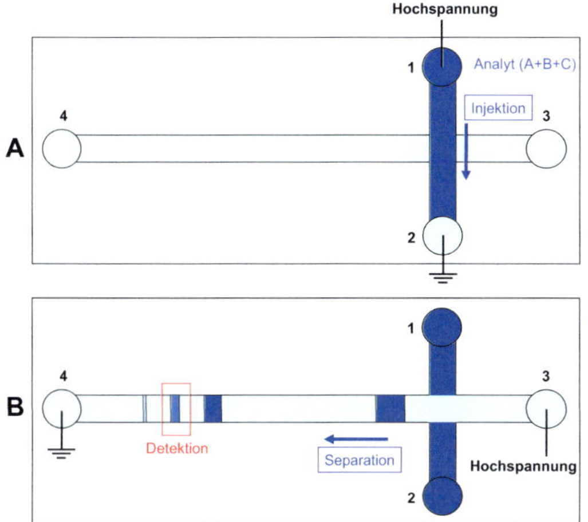

Abb. 2-2   Prinzipieller Aufbau eines planaren CE-Chips
A: Injektion; B: Trennung;
1: Analyt-Reservoir, 2: Analyt-Waste-Reservoir,
3: Puffer-Reservoir, 4: Puffer-Waste-Reservoir

CE-Chips für eindimensionale CE, insbesondere geeignet für DNA- und Protein-Analyse oder für weitere Anwendungen in der Analytik und Diagnostik wurden in den letzten Jahren auf den Markt gebracht [11-16].

2.1.3 Grundbegriffe in der CE

2.1.3.1   Elektrophoretische Mobilität

Die Trennung von Substanzen durch Elektrophorese beruht auf den Mobilitätsdifferenzen der Moleküle. Die Geschwindigkeit der Ionen hängt von ihrer Geometrie und der Ladung ab. Sie wird außerdem von der Temperatur, dem pH-Wert, der Viskosität des Trennmediums und der angelegten elektrischen Feldstärke beeinflusst. Die Ionen bewegen sich mit unterschiedlichen Wanderungsgeschwindigkeiten v_i im elektrischen Feld. Die Wanderungsgeschwindigkeit v_i wird durch die elektrophoretische Mobilität μ_i der Ionen und der angelegten Feldstärke E bestimmt. Mit wachsender Feldstärke E (zunehmende Spannung) erhöht sich auch die Wanderungsgeschwindigkeit v_i.

$$v_i = \mu_i \cdot E \qquad (2.1)$$

v_i elektrophoretische Wanderungsgeschwindigkeit

μ_i elektrophoretische Mobilität

E elektrische Feldstärke

Auf Teilchen, die in einer Elektrolytlösung (Pufferlösung) als Ionen vorliegen, wirken im elektrischen Feld verschiedene Kräfte. Die Kraft F_{ep} des elektrischen Feldes beschleunigt die Ionen zur gegenpoligen Elektrode. Sie wird nach der folgenden Formel berechnet:

$$F_{ep} = z_i \cdot e_0 \cdot E \qquad (2.2)$$

F_{ep} Beschleunigungskraft

z_i Ladungszahl des Teilchens

e_o elektrische Elementarladung

Die Beschleunigungskraft F_{ep} nimmt mit der Ladung des Ions, gegeben durch die Ladungszahl z_i und die Elementarladung e_o, und mit steigender elektrischen Feldstärke E zu.

Entgegengerichtet der Beschleunigungskraft F_{ep} erfahren die Ionen im Lösungsmittel eine Reibungskraft F_R, die mit steigender Viskosität η, zunehmendem Stokesschen Ionenradius r_i und steigender Wanderungsgeschwindigkeit v_i größer wird. Unter der Annahme von kugelförmigen Ionen in einem laminaren Fluss wird die Reibungskraft F_R annähernd durch das Stokessche Gesetz gegeben [33]:

$$F_R = 6 \cdot \pi \cdot \eta \cdot r_i \cdot v_i \qquad (2.3)$$

η Viskosität der Lösung

r_i Stokesscher Ionenradius

Alle Ionen bewegen sich im Falle eines Kräftegleichgewichts mit konstanter Geschwindigkeit v_i.

Von der Gleichung 2.2 und 2.3 eingesetzt in Gleichung 2.1 ergibt sich die elektrophoretische Mobilität μ_i durch die Gleichung 2.4.

$$\mu_i = \frac{z_i \cdot e_0}{6 \cdot \pi \cdot \eta \cdot r_i} \qquad (2.4)$$

Große Teilchen werden sich aufgrund des größeren Strömungswiderstandes langsamer in einer Elektrolytlösung bewegen als kleine Teilchen. Somit wandern die kleinsten Moleküle mit der größten Ladung mit höchster Wanderungsgeschwindigkeit in der Pufferlösung.

Die erfolgreiche Durchführung einer elektrophoretischen Trennung wird nur dann möglich, wenn sich die Ionen in ihrer Mobilität unterscheiden. In [33] sind die Werte der Mobilitäten unterschiedlicher Ionen unter Standardbedingungen zusammengefasst. Die elektrophoretischen Mobilitäten der Kationen werden durch ein positives, die der Anionen durch ein negatives Vorzeichen gekennzeichnet. Aufgrund der molekül- und pufferspezifischen Größen lässt sich die elektrophoretische Mobilität jedoch nicht direkt berechnen einerseits weil die Gleichung 2.4 nur für kugelförmige Teilchen in unendlich verdünnten Lösungen gilt und anderseits weil der Stokessche Ionenradius meistens nicht bekannt ist und mit dem messbaren Ionenradius in Kristallgittern nicht korreliert [37].

2.1.3.2 Elektroosmotischer Fluss

Ein weiterer für eine elektrophoretische Trennung wichtiger Grundbegriff in der CE ist der elektrokinetische Effekt der Elektroosmose, die durch den Elektroosmotischen Fluss (EOF) beschrieben wird. Unter dem EOF versteht man den Fluss der Pufferlösung in der Kapillare hervorgerufen durch das angelegte elektrische Feld und die Oberflächenladung der Kapillarwand. Der EOF ist stark abhängig von der Verteilung der Ladungen im Bereich der Kapillaroberfläche. Dieses Grenzflächenphänomen beruht auf einem von Helmholtz und Stern beschriebenen Zwei-Phasen-System [33]. Die in der CE am häufigsten genutzten Kapillaren aus Quarzglas haben eine negative Oberflächenladung an der Kapillarinnenwand. Diese entsteht durch Deprotonierung der an der Quarzglasoberfläche vorliegenden Silanolgruppen infolge des Kontaktes mit der Pufferlösung in der Kapillare. Zur Ladungskompensierung lagern sich an der negativ geladenen Oberfläche der Kapillarinnenwand Gegenionen (Kationen) aus der Elekrolytlösung an. Es bildet sich die so genannte elektrische Doppelschicht an der Phasengrenze zwischen der festen Phase und dem Elektrolyten, die eine Potentialdifferenz, das so genannte Zeta-Potential (ζ-Potential), verursacht (siehe Abb. 2-3) [33]. Die erste Schicht besteht aus fest adsorbierten Kationen an der Oberfläche, welche häufig als starre Grenzschicht (Sternschicht) bezeichnet wird. Mit zunehmender Entfernung von der Kapillarwand nimmt die starre Schicht linear ab. In der zweiten Schicht können sich die Kationen frei bewegen (siehe Abb. 2-3 A). Es entsteht somit eine diffuse Grenzschicht mit exponentiellem Potentialverlauf (siehe Abb. 2-3 B). Das Zeta-Potential beschreibt die Potentialdifferenz an der Scherfläche zwischen der starren und der diffusen Schicht und beeinflusst somit direkt den EOF.

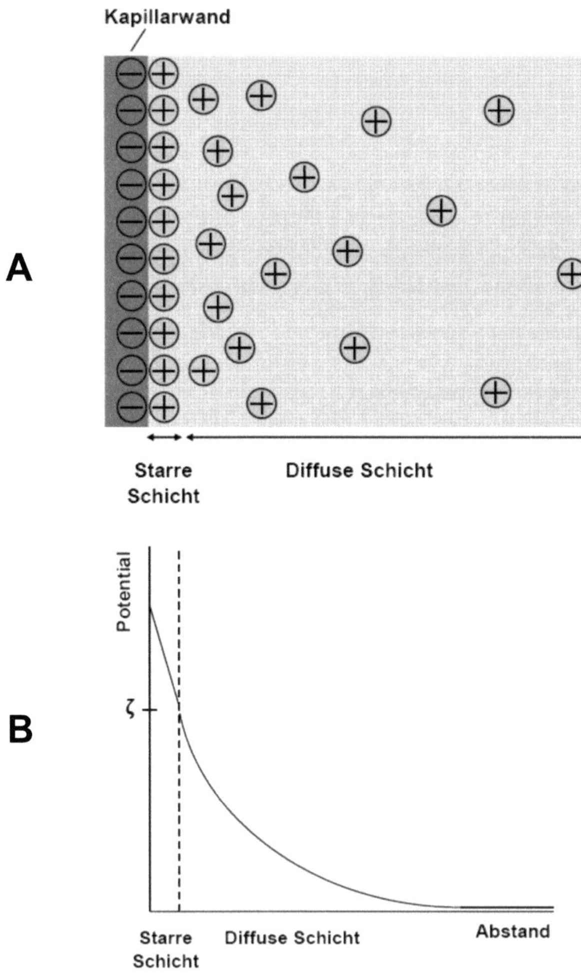

Abb. 2-3   A: Schematischer Aufbau der elektrischen Doppelschicht an der Grenzfläche Polymeroberfläche-Puffer, B: Verlauf des Zeta-Potentials

Das Zeta-Potential ζ wird durch die folgende Gleichung beschrieben, wobei es sich proportional zur Oberflächenladungsdichte an der Kapillarwand und umgekehrt proportional zur Ionenstärke des Elektrolyten verhält:

$$\zeta = \frac{4 \cdot \pi \cdot \sigma \cdot \delta}{\varepsilon_0 \cdot \varepsilon_r} \tag{2.5}$$

ζ Zeta-Potential

σ Oberflächenladung der Kapillare

δ charakteristische Größe der diffusen Grenzschicht

ε_r Dielektrizitätszahl des Elektrolyten

ε_0 Elektrische Feldkonstante, $\varepsilon_0 = 8{,}854 \cdot 10^{-12}$ As/Vm

Die Geschwindigkeit des EOF v_{EOF} ist durch die Gleichung 2.6 gegeben, wobei v_{EOF} proportional zur elektroosmotischen Mobilität μ_{EOF} und dem angelegten elektrischen Feld ist. Wenn die Viskosität der Pufferlösung η zunimmt, kommt es zu einer Abnahme der Geschwindigkeit des EOF.

$$v_{EOF} = \mu_{EOF} \cdot E = \frac{\varepsilon_0 \cdot \varepsilon_r \cdot \zeta}{4 \cdot \pi \cdot \eta} \cdot E \tag{2.6}$$

Aus der Gleichung 2.6 resultiert die elektroosmotische Mobilität μ_{EOF} und wird wie folgt definiert:

$$\mu_{EOF} = \frac{\varepsilon_0 \cdot \varepsilon_r \cdot \zeta}{4 \cdot \pi \cdot \eta} \tag{2.7}$$

Die effektive Mobilität eines Ions μ_{eff} bei einer CE-Trennung ergibt sich aus der Summe der elektroosmotischen Mobilität μ_{EOF} im bestimmten System und der elektrophoretischen Mobilität des Ions μ_i.

$$\mu_{eff} = \mu_{EOF} \pm \mu_i \tag{2.8}$$

μ_{eff} effektive Mobilität

μ_{EOF} elektroosmotische Mobilität

μ_i elektrophoretische Mobilität des Ions (+ für Kationen, - für Anionen)

Die effektive Wanderungsgeschwindigkeit v_{eff} des Analyten wird entsprechend aus der Summe der Geschwindigkeit des EOF v_{EOF} und der elektrophoretischen Wanderungsgeschwindigkeit v_i durch die Gleichung 2.9 formuliert:

$$v_{eff} = v_{EOF} \pm v_i \qquad (2.9)$$

v_{eff} Wanderungsgeschwindigkeit

v_{EOF} Geschwindigkeit des EOF

v_i elektrophoretische Wanderungsgeschwindigkeit (+ für Kationen, - für Anionen)

Die beobachtete effektive Wanderungsgeschwindigkeit v_{eff} des Analyten bei einer CE-Trennung wird bestimmt, in dem die zurückgelegte Weglänge L_{eff} (effektive Kapillarlänge vom Injektionspunkt bis zum Detektor) durch die beobachtete Migrationszeit t_m des untersuchten Komponenten geteilt wird (siehe hinzu Anhang A).

$$v_{eff} = \frac{L_{eff}}{t_m} = E \cdot \mu_{eff} \qquad (2.10)$$

L_{eff} effektive Kapillarlänge vom Injektionskreuz bis zum Detektor

t_m beobachtete Migrationszeit

Die effektive Mobilität μ_{eff} wird somit durch die folgende Gleichung errechnet.

$$\mu_{eff} = \left(\frac{L_{eff}}{t_m}\right) \cdot \left(\frac{L_{ges}}{U}\right) \qquad (2.11)$$

Wobei die angelegte elektrische Feldstärke E durch Gleichung 2.12 gegeben ist:

$$E = \frac{U}{L_{ges}} \qquad (2.12)$$

L_{ges} gesamte Kapillarlänge

U angelegte Spannung

Während einer CE-Trennung werden die meisten Ionen durch den EOF transportiert. Die Kationen wandern am schnellsten, weil die elektrophoretische Anziehung zur Kathode und der EOF gleichgerichtet sind. Neutrale Moleküle werden ebenfalls mittransportiert, sie werden aber nicht voneinander getrennt. Die Anionen bewegen sich am langsamsten, da sie zwar von der Anode angezogen, aber durch den EOF zur Kathode transportiert werden. Ein großer EOF beschleunigt die Messung von Kationen (z. B. Li^+, Na^+, K^+), ein kleiner EOF hingegen ermöglicht die Trennung von Anionen.

Wenn man in einer mit Elektrolyt gefüllten Kapillare ein elektrisches Feld anlegt, wandern die Kationen der diffusen Grenzschicht entlang ihrer Achse in Richtung Kathode und bewegen infolge der inneren Reibung die gesamte Flüssigkeit in der Kapillare mit. Es bildet sich ein extrem flaches, stempelförmiges Strömungsprofil aus, welches zu einer sehr geringen Dispersion der Probenzonen und daher zu schmalen bzw. schärferen Peaks und hocheffiziente Trennungen führt [32]. In Abb. 2-4 sind zum Vergleich die Strömungsprofile bei einem für die CE typischen elektroosmotischen (A) und einem für die HPLC typischen hydrodynamischen Fluss (B) gezeigt. Laminare hydrodynamische Strömungen bilden ein parabolisches Strömungsprofil aus, welches eine deutlich stärkere Dispersion der Probenzonen und somit breitere Peaks bzw. Effizienzverluste verursacht.

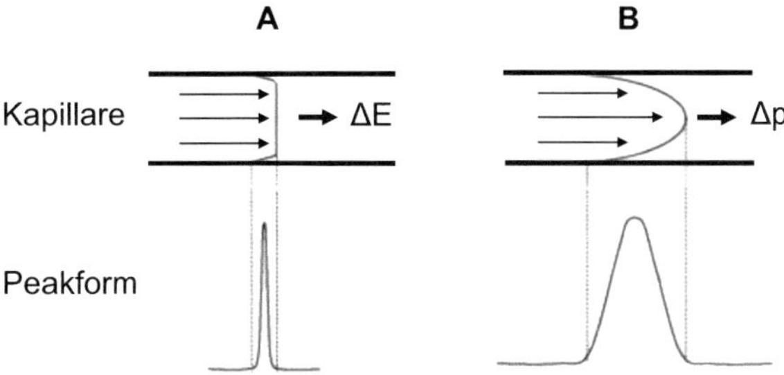

Abb. 2-4 Strömungsprofil beim A: Elektroosmotischen und B: Hydrodynamischen Fluss und dessen Einfluss auf die Peakform

Für die Bildung eines stempelförmigen Strömungsprofils spielt auch der Kapillardurchmesser eine entscheidende Rolle. Bei einem Kapillardurchmesser größer als 100 µm werden die Teilchen fast nur am Rande der Kapillare vorangetrieben und somit wird nur schwer ein Gleichgewicht erreicht. Bei ganz dünnen Kapillaren mit Innendurchmessern von 25 µm bis 50 µm werden

Strömungsprofile ähnlich wie in der Abb. 2-4 A beobachtet. In diesem Bereich sind höhere Trennleistungen zu erwarten.

2.1.3.3 Injektion

Für eine hocheffiziente Analyse wird eine quantitative und möglichst reproduzierbare Probenaufgabe vorausgesetzt. In der CE wird mit sehr kleinen Probenvolumina im Bereich von 5 bis 50 nl gearbeitet, um hohe Trennleistungen zu erzielen. Zu große injizierte Probenvolumina würden zu Peakverbreitung und schlechterer Auflösung führen und somit die Trenneffizienz vermindern.

Die Probenaufgabe bei der CE erfolgt meistens durch drei Injektionsarten [33]:

Hydrostatische Injektion erfolgt auf Basis von Höhendifferenzen zwischen dem Puffergefäß und dem Probengefäß. Durch Anheben des Probengefäßes an der Injektionsseite bzw. durch Absenken des Puffergefäßes bildet sich ein Siphoneffekt, wodurch die Probenlösung in die Kapillare gesaugt wird. Während der Zeit des Anhebens bzw. des Absenkens besteht die Gefahr, dass ein Teil des Probenvolumens in die Kapillare fließt. Bei kurzen Injektionszeiten von 1 bis 5 s ist dieser Effekt nicht vernachlässigbar. Dies wirkt sich nachteilig auf die Reproduzierbarkeit der injizierten Probenmenge aus.

Druck-Injektion ist eine hydrodynamische Injektionsmethode, bei der die Probenaufgabe durch Anlegen einer Druckdifferenz zwischen Probengefäß und Kapillarenden erfolgt. Es bestehen dabei zwei Möglichkeiten zur Injektion entweder durch Anlegen eines Überdrucks am Injektionsgefäß oder durch Anlegen eines Unterdrucks am Auslassgefäß. Das injizierte Probenvolumina ist von der Größe des Drucks bzw. der Größe des Vakuums und der Injektionszeit abhängig. Die hydrodynamische Injektion liefert genaue und definierte Probenvolumina im Bereich von 0,25 bis 10 µl, deswegen kommen sie häufig bei kommerziellen Geräten zum Einsatz [38]. Die Analytiker bevorzugen diese Injektionsmethode häufig, wenn es um die Analyse von biologischen Substanzen wie Blutplasma oder Urin geht, da Körpersäfte aus Komponenten mit sehr verschiedener Zusammensetzung und Leitfähigkeit bestehen. Probleme, die bei der Vakuumtechnik auftreten können, sind beispielsweise die Erzeugung eines begrenzten Druckdifferentials oder die Blasenbildung in der Kapillare, welche die CE-Messung stört. Der aufwendige apparative Aufbau wie z. B. Pumpenvorrichtungen und Ventile ist ebenfalls ein Faktor, welcher die Auswahl dieser Injektionsmethode stark eingrenzt [39].

Elektrokinetische Injektion ist eine schnelle, einfache und flexible Injektionsmethode, welche für ihre Realisierung keine komplexe und teuere Apparatur erfordert und gut automatisierbar ist [38]. Sie wird deswegen in der Forschung und Entwicklung mikrofluidischer CE-Systeme vermehrt eingesetzt, insbesondere zur Durchführung von CE-Trennung sehr verdünnter Proben auf einem Chip. Die elektrokinetische Injektion auf einem CE-Chip funktioniert durch Anlegen einer elektrischen Hochspannung über einen kurzen Injektionskanal, wodurch die Analytionen in die Kanalkreuzung des Injektions-kanals mit dem Separationskanal transportiert werden (siehe hinzu Kapitel 2.1.2 Abb. 2-2). Die Bewegung der Ionen bei dieser Injektionsart wird durch die elektrophoretische Mobilität des Analyten und den EOF hervorgerufen. Durch Umschalten der elektrischen Hochspannung über den Separationskanal wird das Probenvolumen im Kanalkreuz in Form eines Pfropfens in den Trennkanal überführt und in Richtung Detektor weitertransportiert. Dabei ist zu beachten, dass die zur Trennung beförderte Probenmenge möglichst definiert bleibt. Die Größe der injizierten Analytmenge hängt dabei sowohl von der Höhe der angelegten Spannung und der gewählten Injektionszeit als auch von der elektrophoretischen Mobilität der Probenkomponenten ab. Um eine quantitative Auswertung der Analytzusammensetzung durchführen zu können, muss das elektrokinetisch injizierte Probenvolumen mit jedem Messzyklus möglichst gleich und reproduzierbar bleiben. Der injizierte Analytpfropfen im Kanalkreuz ist bei dieser Injektionsart in der Praxis meistens viel größer als die im Idealfall durch die Kanalkreuzungsgeometrie bestimmte Menge zu erwarten. Zur Optimierung dieses Problems wurden im Laufe der CE-Chip-Entwicklung mehrere Studien zur Untersuchung verschiedener Kanalkreu-zungsgeometrien wie z. B. mit einer T-Injektionsform [9], Doppel-T-Injektions-form [40] oder Multi-T-Injektionsform [41] durchgeführt. Am besten haben sich dabei die einfache Kreuz- und Doppel-T-Injektionsform etabliert.

Problematisch bei der elektrokinetischen Injektion ist das oft auftretende Nachfließverhalten des Analyten in den Trennkanal während einer CE-Messung. Dies wird einerseits durch die Diffusion des Analyten in den Separationskanal und andererseits durch die Inhomogenitäten des elektri-schen Potentials im Injektionskreuzungsbereich verursacht [42]. Um die Reproduzierbarkeit der Messungen nicht zu beeinträchtigen, ist hierbei ein unkontrolliertes Nachströmen des Analyten zu vermeiden.

Zur Optimierung der Injektionsbedingungen bei einer elektrokinetischen Injektion stellt der Einsatz einer Membran im Injektionskreuz einen viel versprechenden Ansatz dar. Forschungen auf diesem Gebiet werden von den Arbeitsgruppen von Sweedler, Bohn und Shannon durchgeführt [43-45].

Für die Durchführung der CE-Messungen mit den CE-Chips, hergestellt im Rahmen dieser Arbeit, wurde als Injektionsart die elektrokinetische Injektion bevorzugt verwendet. Durch die Integration einer Membran im Injektionskreuzungsbereich wurde das Fließ- und Nachströmverhalten des Analyten im Kanalkreuz untersucht (siehe dazu Kapitel 5.3.1).

2.1.4 Zweidimensionale Kapillarelektrophorese (2D-CE)

Multidimensionale Trennsysteme können durch Kopplung mehrerer analytischen Methoden unter Erfüllung der orthogonalen Trennkriterien entstehen. Es sind Verbindungen sowohl unter gleichartigen (LC-LC, GC-GC) als auch unterschiedlichen Trenntechniken (LC-GC, 2D-HPLC-CZE) möglich. Dieses Kombinieren der analytischen Trennmethoden mit einem "Bindestrich" wurde in den letzten Jahren als Begriff für moderne Kopplungstechniken, umfassend mit Bezeichnungen wie *"hyphenated techniques"*, *"hybrid techniques"* oder *"hyphenated techniques"* beschrieben. Die meisten Kopplungstechniken haben in der instrumentellen Analytik bedeutende methodische Entwicklungsfortschritte verbunden mit erweiterten Anwendungsbereichen ermöglicht [18]. Zur Erfüllung der immer steigenden Anforderungen in der Analysentechnik, definiert durch die steigende Komplexität der Proben, die erforderlichen kürzeren Analysezeiten sowie niedrigere Nachweisgrenzen, sind moderne Kopplungstechniken aus leistungsstarken Trennverfahren gefragt und notwendig [20].

Da biologische Substanzen (Peptide, Proteine) in der Regel sehr komplex sind und aus mehreren Komponenten mit unterschiedlichen chemischen und physikalischen Eigenschaften bestehen, werden für ihre vollständige Analyse verschiedene Trennungen in mehreren Schritten unter verschiedenen Trennbedingungen benötigt, wobei jeder Trennschritt (z. B. Extraktion) als eine Dimension definiert wird. Somit werden beispielsweise Analysetechniken mit zwei oder drei Trennschritten als zwei- (2D) oder dreidimensional (3D) bezeichnet [46].

Elektrophoretische Trennmethoden wie 2D-Gelelektrophorese haben sich bereits in der Biochemie, Molekularbiologie und Proteomik sehr gut etabliert [18, 21]. Dabei wird beispielsweise die Isoelektrische Fokussierung (die Trennung erfolgt hierbei nach dem isoelektrischen Punkt der Proteine) in der ersten Dimension mit einer SDS-PAGE (*engl. sodium dodecylsulfate polyacrylamide gel electrophoresis*) in der zweiten Dimension kombiniert. Bei der Natriumdodecylsulfat-Polyacrilamidgelelektrophorese werden die Proteine nach ihrem Molekulargewicht aufgetrennt. Als problematisch werden bei dieser Technik einerseits die arbeitsaufwendigen Probenvorbereitungsschritte und die damit erhöhten Analysekosten andererseits die eingeschränkte Reproduzierbarkeit betrachtet.

Bei der multidimensionalen Chromatographie werden meist zwei GC- oder zwei LC-Trennsäulen mit unterschiedlichen Trenneigenschaften bzw. Selektivität gekoppelt. Daraus entsteht die zweidimensionale Gaschromatographie, bekannt auch als GCxGC oder 2D-GC, und die zweidimensionale Flüssig-chromatographie, bezeichnet als LCxLC oder 2D-LC [18]. Es sind auch Kombinationen wie LC-GC (2D-Flüssig und Gaschromatographie) oder 2D-LC-MS möglich, welche die Online-Kopplung der Flüssigchromatographie und der Massenspektrometrie ermöglicht [47]. Allerdings sind hierbei sowohl die aufwendige und komplexe Apparatur, die mangelhafte Eignung dieser Techniken zur Miniaturisierung als auch die größeren Flüssigkeitsvolumen problematisch. Die Kombination der HPLC (LC) mit der CZE wird in der Literatur als viel versprechende Kopplungstechnik für mehrdimensionale Trennungen beschrieben, da sie die Vorteile beider Verfahren verbindet. Dazu zählen hohe Trennleistung bei guter Reproduzierbarkeit, kurzen Analysezeiten, Miniaturisierbarkeit, Automatisierbarkeit und die Flexibilität dieser Methoden [46].

Bei mehrdimensionalen chromatographischen Trennungen sind es vor allem zwei wichtige Kriterien, die erfüllt werden müssen. Einerseits müssen die gekoppelten Techniken auf unterschiedlichen bzw. orthogonalen Trennprinzipien beruhen und andererseits darf die erreichte Auflösung in der ersten Dimension durch die nachfolgenden Dimensionen nicht verringert werden. Giddings formuliert die Orthogonalität als notwendige Bedingung für die mehrdimensionalen Trennungen in der analytischen Chemie und entwickelt das Konzept für die Peakkapazität n_C [48]. Bei zweidimensionalen Trennungen wird die maximale Peakkapazität n_C des multidimensionalen Systems im Idealfall als Multiplikation der Peakkapazitäten der einzelnen Dimensionen berechnet, wobei die Peakkapazität der ersten Dimension n_{C1} und die Peakkapazität der zweiten Dimension n_{C2} ist.

$$n_C = n_{C1} \cdot n_{C2} \tag{2.13}$$

In der Regel unterscheidet man zwischen online und offline multidimensionalen Systemen. Bei online Systemen werden die Fraktionen aus der ersten Dimension automatisch in die nächste Dimension zur weiteren Auftrennung

transportiert, wobei dies durch die bestimmte Anordnung der einzelnen Trennsäulen ermöglicht wird. Bei offline Systemen werden die Fraktionen der ersten
Dimension in bestimmten Zeitabständen aufgefangen und zeitverzögert in die
zweite Dimension zur weiteren Auftrennung injiziert. Bei letzterem betrachtet
man die einzelnen Trennsäulen als komplett unabhängige Systeme. In der
Analytik werden vor allem online multidimensionale Systeme bevorzugt, da sie
in automatisierter Funktion möglichst viele und genauere Informationen über
die zu analysierende Probe liefern können.

Komplexe biologische Stoffgemische können meistens bei einer eindimensionalen Kapillarelektrophorese (1D-CE) aufgrund sehr ähnlicher Mobilitäten der
Hauptbestandteile in einer Elektrolytlösung nicht vollständig von einander getrennt werden. Zur Verbesserung der Trenneffizienz von CZE und zur Eröffnung neuer Applikationsfelder entsteht das Interesse an der Entwicklung einer
zweidimensionalen Kapillarelektrophorese (2D-CE) im Chipformat. Über Fraktionensammlung auf einem CE-Chip aus Glas wurde in [49] berichtet. Mit
einem 3D-Chip aus PDMS wurde ebenfalls Fraktionensammlung durchgeführt
[50]. Mehrdimensionale Trennungen durch Kombination verschiedener Trennmethoden wie z. B. MEKC mit CE [51, 52], OCEC (*engl. open channel e-
lectrochromatography*) mit CE [53] oder IEF mit CE [54] wurden auf planare
mikrostrukturierte CE-Strukturen, hauptsächlich aus Glas hergestellt, bereits
demonstriert. Eine SDS-µCGE (SDS-Mikrokapillargelelektrophorese) konnte
mit MEKC zur Durchführung von 2D-Trennungen auf einem Chip aus PMMA
gekoppelt werden [55].

Das Konzept, welches im Rahmen dieser Arbeit zur Durchführung einer
2D-CE auf einem Chip entwickelt wurde, ist in Abb. 2-5 dargestellt. Ähnlich wie
die 2D-GC, bekannt auch als "Heart-Cutting", basiert hier die 2D-CE auf der
Nachtrennung einer oder mehrerer Fraktionen, entnommen aus einer ersten
Trennung. In der 2D-LC kommen zur Fraktionensammlung aufwendige und
komplex verschaltete Ventil- und Pumpenvorrichtungen zum Einsatz [18].
Nach der Injektion des Analyten in den ersten Trennkanal erfolgt als erster
Trennschritt die Separation 1 der Probe. Weiterhin werden ausgewählte Fraktionen selektiv online aufgefangen und über einen Ausschleusekanal in den
zweiten Trennkanal überführt. Anschließend erfolgt eine zweite Separation der
aufgefangenen Fraktionen bei unterschiedlichen Trennbedingungen. In Kapitel
5.3 werden die nach diesem Prinzip durchgeführten 2D-CE-Messungen dargestellt.

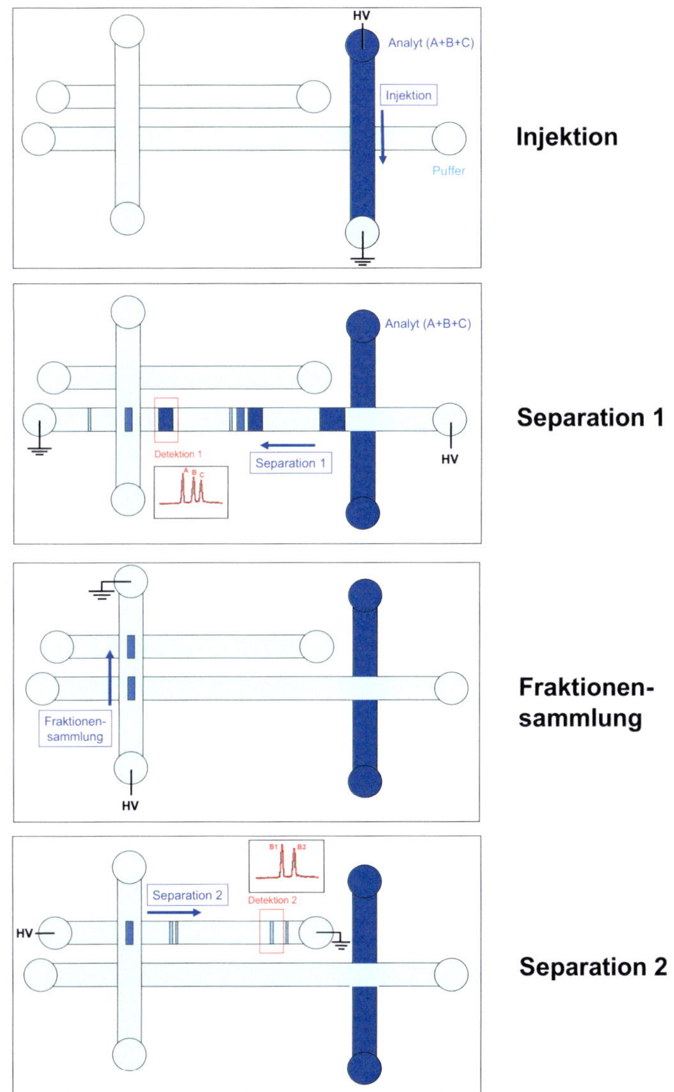

Abb. 2-5 Prinzip der zweidimensionalen Trennung auf einem Chip mittels CZE

2.2 Kontaktlose Leitfähigkeitsdetektion (CCD)

Eine der anspruchsvollsten Aufgaben in der CE ist die Detektion der aufge-trennten Analytkomponenten. Aufgrund der kleinen Dimensionen der Kapilla-ren und der dadurch bestimmten geringen Analytmenge werden hohe Anfor-derungen bezüglich minimale Nachweisgrenzen, Massenempfindlichkeit und Signalrauschen gestellt. Die meist verbreitete Detektionsmethode in der CE, ähnlich wie in der HPLC, ist die optische On-Column-Detektion, insbesondere die UV-Absorption. Dabei wird die Trennkapillare durch ein am Ende der poly-imidbeschichteten Fused-Silica-Kapillare eingebranntes Detektionsfenster di-rekt mit Licht durchstrahlt. Zu den am häufigsten verwendeten optischen De-tektoren gehören vor allem die kommerziell erhältliche UV-VIS-Detektoren und die Fluoreszenzdetektoren [35]. Wegen ihrer hohen Nachweisempfindlichkeit kommt häufig die laserinduzierte Fluoreszenzdetektion (LIF) bei der CE auf dem Chipformat zum Einsatz [56]. Die Fluoreszenzdetektion ermöglicht hohe Nachweisgrenzen bei kleinen Probenvolumina, dennoch erfordert sie das La-beln (*engl. labeling*) von biochemischen Analyten mit Fluoreszenzfarbstoff-Markern. Außerdem wird eine aufwendige, großvolumige und teuere Appara-tur für ihre Durchführung benötigt.

Als Alternative zur optischen Detektion bieten sich elektrochemische Detektionsverfahren wie Potentiometrie, Konduktometrie und Amperometrie an. Die Leitfähigkeitsdetektion als eine robuste konduktometrische Detektions-technik mit guter Reproduzierbarkeit gewinnt in den letzten Jahren immer mehr an Bedeutung. Von Vorteil ist dabei, dass diese Detektion vom Prinzip einfach und universell ist, kein Labeln der Proben erfordert und der Detektor hauptsächlich aus elektronischen Komponenten besteht. Das Detektionssignal ergibt sich als die Differenz zwischen der Leitfähigkeit der Analytionen und der des Hintergrundelektrolyten (Pufferlösung). Die Messempfindlichkeit bei dieser Methode ist von den Parametern wie Elektrodenfläche, Elektrodenabstand oder Elektrodenposition zum Trennkanal stark abhängig. Bei dieser Art der elektrochemischen Detektion ist die Positionierung der Messelektrode entscheidend, weil dadurch das Analysensignal direkt beeinflusst wird.

Sind die Detektionselektroden direkt im Trennkanal integriert, so spricht man von einer direkten Leitfähigkeitsmessung. Grundlegende Forschungen an Po-lymerchips und Hybridchips aus Glas/Polymer wurden mit solchen direkt integ-rierten Mikroelektroden bereits durchgeführt [57-59]. Probleme, die bei der di-rekten Leitfähigkeitsdetektion entstehen können, sind beispielsweise Kontami-nationen oder Analyt-Ablagerungen (Biofouling) auf der Elektrodenoberfläche, welche die Detektionsempfindlichkeit reduzieren können. Darüber hinaus können Störeffekte entstehen, welche durch die Wechselwirkung zwischen Detektionsspannung und Trennspannung verursacht worden sind. Diese können zu Verzerrungen des Detektionssignals aber auch zur Bildung von Gasblasen im Trennkanal führen. Als eine anspruchsvolle technische Herausforderung wird auch die genaue Positionierung der Messelektroden zum Kanal betrachtet. Dies zeigt sich als äußerst schwierig und aufwendig.

Sofern die Messelektroden außerhalb des Trennkanals positioniert werden, besteht die Möglichkeit zur Durchführung einer kontaktlosen Leitfähigkeitsdetektion auf einem CE-Chip. Bei einer CCD (*engl. Contactless Conductivity Detection*) sind die Detektionselektroden berührungfrei durch eine Kapillarwand (z. B. Polymerfolie) vom in der Kapillare fließenden Analyten abgetrennt (siehe Abb. 2-6 A), sodass Elektroden und Analyt nicht mehr in direktem Kontakt miteinander stehen. Die Signalübertragung zwischen den externen Messelektroden und dem Analyten erfolgt dabei durch eine kapazitive Kopplung, darum wurde in den letzten Jahren den Begriff C^4D (*engl. Capacitively Coupled Contactless Conductivity Detection*) in der Literatur [60, 61] eingeführt.

Die CCD wurde in den 1980er Jahren als Detektionstechnik für elektrophoretische Trennungen mittels Isotachophorese bekannt [62]. Speziell für den Einsatz in der Kapillarelektrophorese wurde diese Detektion zum ersten Mal im Jahre 1998 von zwei Forschungsgruppen unabhängig von einander entwickelt und angewendet [63, 64]. Über eine erste Übertragung der CCD auf einen CE-Chip wurde im Jahre 2002 berichtet [61, 65, 66]. Seitdem wächst die Anzahl der Publikationen über das Forschungsgebiet CE/CCD ständig an [60, 67-69].

Der Aufbau der CCD auf einem Chip, ist als Beispiel in der Abb. 2-6 gezeigt, wobei das eigentliche Messzellenvolumen durch das Mikrokanalvolumen zwischen den beiden Messelektroden wesentlich bestimmt wird (siehe Abb. 2-6 B). Die für die CCD benötigten Sender- und Empfängerelektroden sind von der Außenseite auf dem Deckel des CE-Chips aufgesputtert (siehe Abb. 2-6 A). Somit werden sie durch eine Kapillarwand (gegebenenfalls eine dünne Polymerfolie) vom Analyten getrennt. Die kontaktlose Leitfähigkeitsmessung beruht auf dem „Sender- und Empfängerprinzip", wie im Ersatzschaltbild der Abb. 2-6 C gezeigt ist. Das Messsignal wird durch die dünne Polymerfolie in den mit Elektrolyten gefüllten Mikrokanal ein- und anschließend am anderen Ende der Messzelle ausgekoppelt. Die Polymerfolie bildet somit eine Ein- und Auskoppelkapazität. Um Verfälschung der Messergebnisse zu verhindern, soll eine direkte Signalüberkopplung zwischen den beiden Elektroden möglichst vermieden werden.

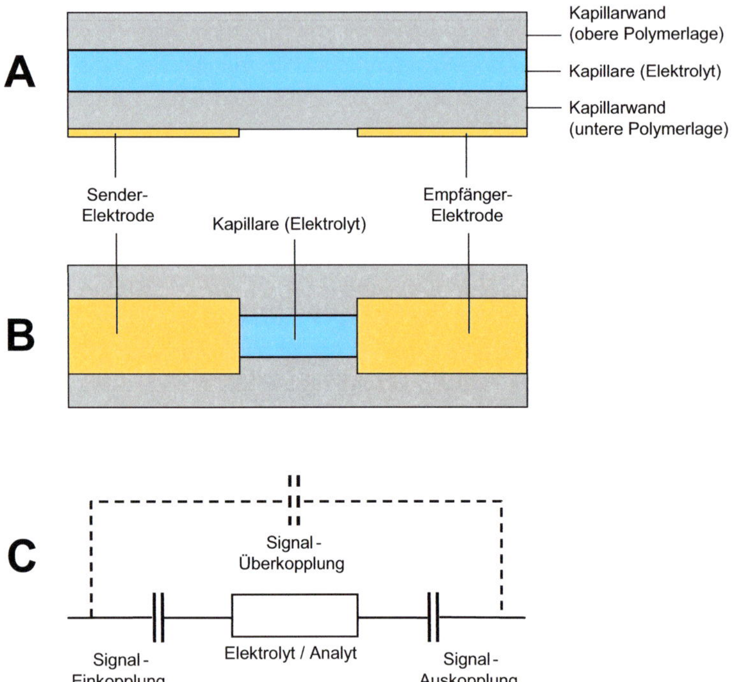

Abb. 2-6   CCD-Aufbau auf einem Chip: A: Chipquerschnitt im Detektionsbereich; B: Aufsicht des Detektionsbereichs; C: Ersatzschaltbild

Die Leitfähigkeit G einer Elektrolytlösung wird durch den reziproken Wert des elektrischen Widerstands R bestimmt:

$$G = \frac{1}{R} \tag{2.14}$$

Betrachtet man in diesem Fall die Messzellengeometrie mit einer Fläche zwischen den Elektroden A und Länge der Messzelle l (in diesem Fall der Elektrodenabstand), ist die Leitfähigkeit unter Verwendung der spezifischen Leitfähigkeit des Analyten κ direkt proportional zu A und umgekehrt proportional zu l.

$$G = \kappa \cdot \frac{A}{l} \tag{2.15}$$

Aus der Gleichung 2.14 und 2.15 ergibt sich der Widerstand des Analyten:

$$R = \frac{1}{\kappa} \cdot \frac{l}{A} \qquad (2.16)$$

Da bei einer CCD-Messung die Grundleitfähigkeit des Pufferelektrolyten schon bekannt ist, wird praktisch eine Widerstandsänderung erfasst. Um eine kapazitiv gekoppelte kontaktlose Leitfähigkeitsdetektion durchführen zu können, wird eine hochfrequente Wechselspannung zwischen den beiden Messelektroden angelegt. Die CCD-Messung erfolgt unter Verwendung eines hochfrequenten Signals, deswegen muss der Betrag der komplexen Impedanz $|Z|$ berücksichtigt werden. Die Impedanz ist vom realen Widerstand R und einem imaginären kapazitiven Anteil X_c abhängig:

$$|Z| = \sqrt{R^2 + X_c^2} \qquad (2.17)$$

Die komplexe Impedanz eines Kondensators wird wie folgt formuliert:

$$X_c = \frac{1}{2 \cdot \pi \cdot f \cdot C} \qquad (2.18)$$

Wobei f die Frequenz der angelegten Spannung und C der Kapazität des Kondensators ist.

Die Kapazität C zwischen zwei Platten berechnet sich wie folgt:

$$C = \varepsilon_0 \cdot \varepsilon_r \cdot \frac{A}{d} \qquad (2.19)$$

ε_0 Elektrische Feldkonstante, $\varepsilon_0 = 8{,}854 \cdot 10^{-12}$ As/Vm

ε_r materialspezifische Dielektrizitätszahl

A Fläche der Kondensatorplatte

d Plattenabstand

Bei der nach dem „Sender- und Empfängerprinzip" funktionierenden CCD entstehen durch die Kapillarwand (Dielektrikum) Ein- und Auskoppelimpendanzen, die möglichst gering werden sollen. Dies wird nach der Gleichung 2.19 bei steigender Frequenz, Vergrößerung der Ein- und Auskoppelflächen sowie Reduzierung der Kapillarwanddicken gegeben. In diesem Fall spielt die Dielektrizitätszahl des eingesetzten Kapillarwandmaterials (gegebenenfalls das Polymermaterial des CE-Chips) eine große Rolle. Sie muss möglichst hoch sein, damit bei CCD-Messungen mit sehr geringen Polymerwanddicken durch Anlegen einer elektrophoretischen Hochspannung ein dielektrischer Durchschlag verhindert werden kann.

Durch die kontaktlose Leitfähigkeitsdetektion wird die nachteilige Empfindlichkeit der direkten Kontaktleitfähigkeitsmessung auf elektrophoretische Trennspannung deutlich verbessert. Weitere signifikante Vorteile der CCD sind:

- Universaler Detektor für alle geladene Spezies

- Keine Korrosion und Analyt-Ablagerungen (Biofouling) auf den Detektionselektroden – somit lange Lebensdauer der Detektionselektroden und bessere Reproduzierbarkeit der Messungen

- Keine elektrochemische Wechselwirkungen

- Keine Fluoreszenzfarbstoff-Markierung des Analyten erforderlich

- Unabhängigkeit von Kapillarmaterialien. Möglicher Einsatz von CE-Chips aus nichttransparenten Polymeren wie z. B. PEEK

- Einfache und preiswerte Messelektronik

- Kompatibilität zur Miniaturisierung und Integration auf einem CE-Chip

- Möglichkeit zur Portabilität wegen der realisierbaren kleinen Dimensionen des Detektors

Probleme, die bei der CCD auftreten können, sind:

- Der Detektor kann temperaturempfindlich reagieren, wodurch es zu Unstabilitäten der Basislinie während einer CE-Messung kommen kann.

- Um höchste Peakauflösung bei einer Trennung zu bekommen, müssen charakteristische Optimierungen der Pufferlösung für spezifische Anwendungen durchgeführt werden.

- Signal- und Empfindlichkeitsverluste, hervorgerufen durch die kapazitive Ein- und Auskopplung, können bei der CCD vorkommen.

Meistens wird die Messempfindlichkeit von der Kapillarwanddicke beeinflusst (siehe Abb. 2-6 A), weil die Kapillarwanddicke immer mit in die Kopplung eingeht. Auf einem planaren CE-Chip, wie in [25] beschrieben, ist die Signal-empfindlichkeit beispielsweise stark von der Dicke der Deckelfolie abhängig. Je dicker die Deckelfolie des Chips ist, desto schwächer wird die CCD-Signal-empfindlichkeit.

Zum Nachweisen der Funktionalität der im Rahmen dieser Arbeit hergestellten CE-Chips wurde die kontaktlose Leitfähigkeitsdetektion CCD eingesetzt. Die CCD-Technik wurde zur Durchführung von 2D-CE bei paralleler CCD-Detektion an zwei Stellen auf einem Chip optimiert und weiterentwickelt (siehe hierzu Kapitel 5.3).

3 Material und Methoden

3.1 Materialeigenschaften der verwendeten Polymeren

Miniaturisierte Lab-on-a-Chip-Systeme zur CE werden heute meistens aus Quarzglas hergestellt. Diese Systeme werden mittels herkömmlicher Silizium- und Glasbearbeitungsverfahren in planare Substrate geätzt [3]. CE-Chips aus Glas sind für die Anwendung mit optischer Detektion sehr gut geeignet. Diese Detektionstechnik ist die in den Trenntechniken derzeit am häufigsten verwendete Variante und somit bereits etabliert. Jedoch machen eine Reihe von Eigenschaften, wie beispielsweise der geringere Materialpreis, die flexible Fertigung und die einfache Handhabung verschiedene Polymere, wie z. B. Polymethylmethacrylat (PMMA), Polycarbonat (PC), Cycloolefin-Copolymer (COC), Polyimid (PI) oder Polyetheretherketon (PEEK) zu einer viel versprechenden Alternative zu den Glas-Chips.

Kostengünstige mikrofluidische Systeme können aus Kunststoffen gefertigt werden, weil sie sich durch Replikationstechniken unabhängig von der Komplexität ihrer Geometrie herstellen lassen. Die Stoffklasse der Polymere ist darüber hinaus sehr vielfältig, sodass sich für fast jede Anwendung ein geeigneter Kunststoff finden lässt [70]. Für den Einsatz mikrofluidischer Systeme in der chemischen Analytik spielen Materialeigenschaften wie z. B. gute Biokompatibilität oder hohe chemische Resistenz eine entscheidende Rolle.

Im Folgenden werden die im Rahmen dieser Arbeit verwendeten Polymere kurz beschrieben.

3.1.1 Polycarbonat (PC)

Bei den Polycarbonaten (PC) handelt es sich um lineare, thermoplastische Polyester der Kohlensäure mit aliphatischen oder aromatischen Dihydroxy-Verbindungen [71]. Bisphenol-A-Polycarbonat ist der wichtigste Vertreter dieser Stoffklasse, auf dessen Basis eine Vielzahl weiterer Polycarbonattypen aufgebaut. In den 50-er Jahren gelang *Schnell* et al., damals Mitarbeitern der Bayer AG, zum ersten Mal die Herstellung von aromatischem Polycarbonat aus Bisphenol A (BPA), das thermoplastisches Verarbeitungsverhalten und eine hohe Glasübergangstemperatur aufwies [72]. Abb. 3-1 zeigt die Strukturformel des Polymers [71].

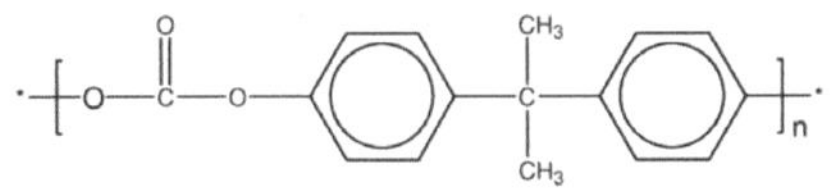

Abb. 3-1 Strukturformel von PC

Die in seiner Struktur enthaltenen Carbonatgruppen –O–CO–O– sind durch aromatische Gruppen voneinander getrennt. Die spezifischen Eigenschaften der Polycarbonate werden dadurch beeinflusst.

Dieses Polymer zeichnet sich durch hohe Lichttransmission, hohe Wärmeformbeständigkeit, hohe Zähigkeit, hohe Maßhaltigkeit sowie gutes elektrisches Isolationsvermögen aus. Seine überzeugenden mechanischen Eigenschaften liegen in der hohen Festigkeit, Steifigkeit und Härte begründet [72].

Polycarbonat-Bauteile zeichnen sich durch eine hohe Wärmeformbeständigkeit bis zu 140 °C aus, was von Vorteil für die Sterilisierbarkeit dieser Produkte ist. Die Glasübergangstemperatur von PC liegt bei 148 °C, der Schmelzbereich im Bereich zwischen 150 und 300 °C.

Im praxisrelevanten Temperaturbereich beeinflussen weder Temperaturschwankungen noch Feuchtigkeit der Umgebung die guten elektrischen Eigenschaften von PC-Bauteilen.

Einige Nachteile stehen jedoch den oben erwähnten Vorteilen gegenüber. Es ist es zu beachten, dass Polycarbonate kerbempfindlich und anfällig gegen Spannungsrissbildung sind. Ihre Verarbeitung erfordert von daher erhöhte Aufmerksamkeit [71].

Darüber hinaus weisen Polycarbonate nur begrenzte Chemikalienbeständigkeit auf. Sie sind gegenüber Wasser, anorganischen und vielen organischen Säuren, schwachen wässrigen Alkalien, Oxidations- und Reduktionsmitteln wie auch gegen Salzlösungen, Fette, Öle und Alkohole beständig. Unbeständig sind sie hingegen gegenüber starken wässrigen Alkalien, Ammoniak, Aminen, Estern und aromatischen Kohlenwasserstoffen. Löslich sind sie darüber hinaus in Chlorkohlenwasserstoffen, insbesondere Dichlormethan, sowie von Dioxan [73].

Das Produkt Makrofol® DE 6-2 ist eine transluzente Extrusionsfolie auf Basis von Makrolon®, dem Polycarbonat der Firma Bayer MaterialScience (Leverkusen, Deutschland) [74]. Die blendfreie und kratzunempfindliche Folie wurde speziell für grafische Anwendungen entwickelt. Sie ist in verschiedenen Standarddicken von 100-750 µm erhältlich. Typische Anwendungsbeispiele für Makrofol® sind u. a. Displays, Bedienungselemente, Namenschilder sowie LCD-Anzeigen. In der Elektrotechnik und Elektronik werden Teile mit Isolationsfunktion aus Makrofol® DE 6-2 hergestellt, da das Material eine hohe Durchschlagfestigkeit von 60 kV/mm aufweist. Diese Eigenschaft ist besonders vorteilhaft für die Herstellung von CE-Chips mit CCD-Detektion.

Kennzeichnende Eigenschaften von Makrofol® sind:

- elastisch über einen großen Temperaturbereich

- kalt- und warmverformbar

- sehr gute elektrische isolations- und dielektrische Eigenschaften

- exzellent bedruckbar mit Standardfarben

Folgende Anwendungen von PC sind bekannt: Haushaltgeräte (dekorative und funktionelle Geräteblenden); Blisterverpackungen; Deckfolien für Sportartikel; ID-Karten.

Die auf dem Markt bekanntesten Produkte aus Polycarbonat sind die Compact Discs (CDs), die durch Massenproduktion mittels Spritzgussverfahren im Sekundentakt hergestellt werden [75, 76].

Die Medizintechnik und die Optik sind weitere interessante Einsatzgebiete dieses Werkstoffs. Polycarbonat wird in der optischen Industrie zunehmend als Fertigungsmaterial bei der Herstellung von Brillengestellen oder von leichten und komfortablen Gläsern verwendet. Dank seiner hohen Schlagzähigkeit und Bruchfestigkeit können so bruchsichere Brillenscheiben hergestellt werden [77].

Bei der Herstellung hochwertiger medizinischer Geräte wird Polycarbonat ebenfalls verstärkt eingesetzt. Ausschlaggebend dafür sind seine glasähnliche Transparenz, die zuverlässige Sterilisationsfähigkeit und die gute Verträglichkeit mit Körperflüssigkeiten und Geweben bei Kontaktzeiten bis zu 30 Tagen [78]. Gehäuse von Blutfiltern, Blutoxygenatoren oder Dialysatoren werden beispielsweise aus Polycarbonat gefertigt [79]. Aus Makrofol® DE 6-2 werden darüber hinaus auch Gehäuseteile von Blutdruck- oder Blutzuckermessgeräten hergestellt [74].

3.1.2 Cycloolefin-Copolymer (COC)

Cycloolefin-Copolymere (COC) und Cycloolefin-Polymere (COP) gehören zu den relativ neuen thermoplastischen Materialien, die in den letzten Jahren immer mehr an Bedeutung in der Industrie besonders für die Life-Sciences Anwendungen gewonnen haben. Die unterschiedlichen Typen COC/COP sind heutzutage unter den verschiedenen Handelsnamen Topas®, Zeonor®, Zeonex®, Apel® und Arton® kommerziell bekannt.

Cycloolefin-Copolymere sind Kunststoffe, die zu der Gruppe der amorphen Thermoplaste gehören. Anfang der 1990er Jahre wurde das hochtransparente Polymer COC von der Firma Hoechst und der japanischen Firma Mitsui Sekka gemeinsam entwickelt. Unter dem Handelsnamen Topas® (Thermoplastic Olefin Polymer of Amorphous Structure) wird COC seitdem von der Firma Ticona (Frankfurt am Main, Deutschland) als weltweit größter Hersteller von COC produziert.

In den Ketten der COC-Polymere sind zwei verschiedene Monomere, Ethylen und Norbornen, enthalten, während die meisten Kunststoffe nur aus den Ketten eines Monomers bestehen [71]. Mittels Metallocen-Katalysatoren wurde eine Copolymerisation mit Ethylen realisiert und somit eine wirtschaftliche Synthese von COC erreicht [80]. Die Strukturformel eines COC ist in Abb. 3-2 gezeigt:

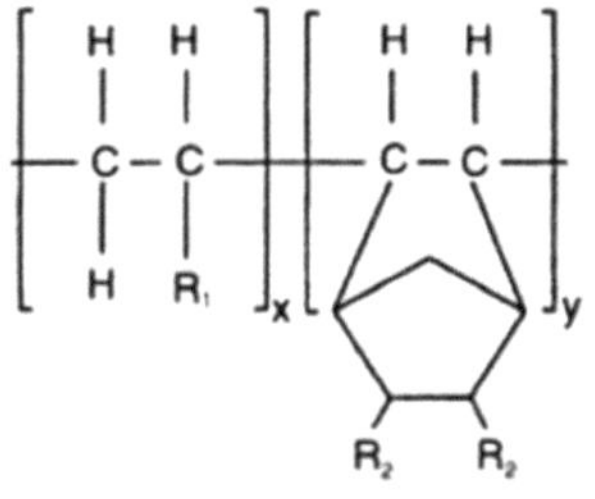

Abb. 3-2 Strukturformel von COC

Durch die Kombination der beiden Grundbausteine Ethylen und Norbornen und deren Verhältnis zueinander können die physikalischen Eigenschaften des Cycloolefin-Copolymers in weiten Grenzen variiert werden. Bei verschiedenen COC Typen kann somit beispielsweise die Wärmeformbeständigkeit des Materials im Bereich von 75 °C bis zu 170 °C eingestellt werden.

Seine vielfältigen Eigenschaften ermöglichen dem Polymer ein breites Anwendungsspektrum dieses Polymers bestimmen und macht es für viele Bereiche z. B. in der Medizin zu einer innovativen Werkstoffalternative macht [81].

<u>Kennzeichnende Merkmale von COC sind:</u>

- niedrige Dichte von 1,02 g/cm^3

- hohe Transparenz und geringer Brechungsindex von 1,53

- außerordentlich geringe Wasseraufnahme von 0,01 % und hohe Wasserdampfsperrwirkung

- einstellbare Wärmeformbeständigkeit bis zu 170 °C

- hohe Steifheit, Festigkeit und Härte

- sehr gute Blutverträglichkeit und hervorragende Biokompatibilität

- sehr gute chemische Beständigkeit gegen Laugen, Säuren und polare Lösungsmittel

- sehr gute elektrische Isolationseigenschaften

- sehr gute thermoplastische Verarbeitbarkeit

Bekannte Anwendungen von COC sind beispielsweise: Bauteile wie Lichtleiter, Linsen, Sensoren in der Optik; Folien für Flachbildschirme; Blisterverpackungen in der Pharmaindustrie; Medizinische Vorrichtungen wie Ampullen, Spritzen, Diagnoseschläuche; Mikrotiterplatten, Küvetten, Mehrschichtbehälter in der Diagnostik und Labortechnik.

Aufgrund seiner Eigenschaftskombination wird COC seit einigen Jahren vermehrt zur Herstellung von Lab-on-a-Chip-Systemen eingesetzt [82, 83]. Von großem Interesse wird somit dieses Polymer auch zur Fertigung von mikrofluidischen Systemen zur Kapillarelektrophorese.

Für die ersten Vorversuche zur Fertigung von mehrlagigen CE-Chips mit integrierter PCTE-Membran wurde in dieser Arbeit COC vom Typ Topas$^®$ 5013 der Firma Ticona verwendet. Aufgrund seiner geringeren Glasübergangstemperatur (Tg = 130 °C) im Vergleich zu PC (Tg = 140 °C) waren die Bondergebnisse mit der PCTE-Membran unzureichend. Es traten undichte Bondstellen zwischen den Kanälen und der Membran auf, da bei einer Temperatur von 128 °C gebondet wurde (siehe dazu Kapitel 4.3.3.3 Abb. 4-19). Aus diesem Grund wurde das COC vom Typ Zeonor$^®$ Film ZF 14-188 der Firma Zeon (Zeon Europe GmbH (Düsseldorf, Deutschland) untersucht. Aufgrund seiner höheren

Glasübergangstemperatur von 138 °C konnten damit im Gegensatz zu Topas® 5013 gute und reproduzierbare Bondergebnisse bei einer Bondtemperatur von 130 °C erreicht werden (siehe Kapitel 4.3.3.3 Abb. 4-21).

3.1.3 Polyether-Ether-Keton (PEEK)

Polyetheretherketon (PEEK) ist ein teilkristalliner Thermoplast, der zur hochtemperaturbeständigen Gruppe der Polyaryletherketone gehört. Er ist der am längsten bekannte und wichtige Kunststofftyp dieser Gruppe. Seine Struktur besteht aus Arylringen, die durch Ether- und Ketongruppen verbunden sind. Die Strukturformel von PEEK wird in Abb. 3-3 gezeigt [84]. Wegen seines linearen Aufbaus ohne Verzweigungen in der Hauptkette wird PEEK als reines Polymer betrachtet.

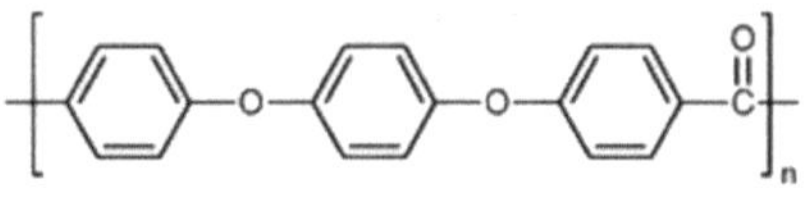

Abb. 3-3 Strukturformel von PEEK

Die Firma Victrex GmbH (Lancashire, Großbritannien) ist der weltweit führende Hersteller von Polyaryletherketon-Werkstoffen, die sie seit 1978 entwickelt und produziert [84]. PEEK wird derzeit als einer der vielseitigsten Kunststoffe betrachtet, der dem Markt zur Verfügung steht. Das Polymer kommt vor allem in Anwendungen zum Einsatz, die hohe Anforderungen an Temperatur, chemischen und mechanischen Stabilität stellen [85].

PEEK zeichnet sich durch gute mechanische, elektrische, thermische und chemische Eigenschaften aus, die über einen großen Temperaturbereich nahezu konstant bleiben [86].

Kennzeichnende Hauptmerkmale von PEEK sind:

- hohe Dauergebrauchstemperatur von 260 °C, hohe Schmelz- bzw. Glasübergangstemperatur von 340 °C

- hohe Wärmeformbeständigkeit von über 300 °C

- hohe mechanische Festigkeit

- hohe Steifigkeit und Härte, hohe Kriechfestigkeit auch bei hohen Temperaturen

- günstiges Gleit- und Abriebverhalten

- gute chemische Beständigkeit gegen fast allen organischen und anorganischen Lösungsmittel (unbeständig gegenüber konzentrierter Schwefelsäure und Salpetersäure sowie Fluorwasserstoff)

- geringfügige Wasseraufnahme bei Normalklima < 0,1 %

- sehr hohe Biokompatibilität

- strahlenbeständig gegen Röntgen, Beta- und Gammastrahlen

- sehr gute elektrische Isolationseigenschaften, eine hohe Durchschlagfeldstärke von 190 kV/mm

- schwer entflammbar

Die Einsatzbereiche dieses hochtemperatur- und chemikalienbeständigen Polymers liegen in einem breiten Spektrum. PEEK wird als Materialersatz für Glas, Metallen und Edelstahl bei Operationsinstrumenten z. B. Katheter eingesetzt sowie für Verbundwerkstoffimplantate in der Medizintechnik verwendet. Er dient als Isolationswerkstoff in der Hochspannungstechnik und als Schaltungsträger in der Elektrotechnik.

Mechanisch lässt sich PEEK sehr gut bearbeiten. Die PEEK-Halbzeuge können gebohrt, gefräst und gedreht werden. Dieses Polymer kann genauso mittels Replikationstechniken mikrostrukturiert werden [87-89]. Bei der Abformung durch Vakuumheißprägen wirkt sich seine hohe Kristallitschmelztemperatur nachteilig aus. Die Messingformeinsätze werden bei der Entformung während des Prägeprozesses teilweise beschädigt, deswegen werden sie vor der Abformung mit Wolframdisulfid beschichtet [25]. Durch Lasertechniken wie Excimer-Laserstrukturierung kann PEEK gut direkt strukturiert werden [90].

Der Preis von PEEK ist vergleichsweise hoch, er gehört zurzeit zu den teuersten technischen Kunststoffen. Eine kosteneffiziente Alternative zu PEEK, die die Firma Victrex GmbH in der letzten Jahren entwickelt hat, ist die Beschichtung verschiedener Bauteile aus Glas, Keramik oder Metall mit PEEK Feinpulver [91]. Diese Beschichtungen können die Leistung und Funktionalität eines Produkts verbessern, die Lebensdauer der Anwendung bis zu 40 % erhöhen, Systemkosten senken. Eigenschaften wie Verschleißfestigkeit bei hohen Temperaturen, Schmierfähigkeit, Lösbarkeit und Chemikalienbeständigkeit werden insbesondere optimiert [92].

Im Vergleich zu den oben erwähnten Polymeren PC und COC ist PEEK kein transparenter Kunststoff, deswegen kann es nicht für optische Detektionstechniken in der Kapillarelektrophorese eingesetzt werden. Seine Naturfarbe ist hell beige bis schwarz. Durch die Entwicklung der CCD als nichtoptisches Detektionsverfahren kann PEEK zur Herstellung von CE-Chips verwendet werden. Seine hohe chemische Resistenz ermöglicht eine nahezu freie Auswahl des eingesetzten Hintergrundelektrolyten bei den CE-Messungen, beispielsweise kann mit stark alkalischen Lösungen gemessen werden.

Ein weiterer Vorteil von PEEK, speziell bei Anwendungen in der Kapillarelektrophorese mit kontaktlosen Leitfähigkeitsmessungen, ist seine hohe elektrische Durchschlagfeldstärke verglichen mit den anderen eingesetzten Polymeren. Diese Eigenschaft ermöglicht die Verwendung von sehr dünnen Folien zur Herstellung von mehrlagigen CE-Chips aus PEEK (siehe dazu Kapitel 4.4). Dadurch wird eine höhere Signalempfindlichkeit bei der CCD erzielt.

3.2 Fertigungstechnologien zur Herstellung von CE-Chips aus Polymeren

Direkte Mikrostrukturierung von mikrofluidischen Systemen aus Polymeren erfolgt meistens durch Fertigungsverfahren wie z. B. Mikrozerspanen, Lithographie oder Lasermikrobearbeitung. Zu den indirekten Strukturierungsverfahren gehört die Abformungstechnik wie Heißprägen oder Spritzgießen. Für die Herstellung der Formeinsätze, benötigt für die Replikationstechnik, wird in der Regel das Mikrozerspanen (z. B. Mikrofräsen), das Mikroerodieren, die Lasermikromaterialbearbeitung oder das LIGA-Verfahren (Lithographie, Galvanik, Abformung) eingesetzt. Hauptkriterien wie Aspektverhältnis, Strukturhöhe und Strukturbreite, Toleranzen, Oberflächengüte und Fertigungskosten sowie Flexibilität des Verfahrens spielen bei der Wahl der Fertigungstechnologien eine entscheidende Rolle.

Im Folgenden werden die im Rahmen dieser Arbeit eingesetzten Fertigungsverfahren dargestellt.

3.2.1 Mikrozerspanen

Das Mikrozerspanen ist ein spanabhebendes Bearbeitungsverfahren, welches Prozesse wie Fräsen, Bohren, Drehen oder Hobeln mit definierter Schneide im Mikrometerbereich umfasst. Metalle (Kupfer, Edelstahl), Metalllegierungen (Messing) sowie formstabile Kunststoffe können mit kleinsten Werkzeugen aus Diamant oder Hartmetall mit verschiedenen Nutprofilen (dreieckig, rechteckig) mikrostrukturiert werden. Für die Bearbeitung von Stahl werden Hartmetallwerkzeuge verwendet. Polymere wie PMMA oder PC sowie Kupfer und Messing lassen sich in bester Qualität mit Diamantwerkzeugen bearbeiten [90]. Mikrozerspanen ist ein sehr flexibles und schnelles Verfahren mit einer hohen Materialabtragsrate zur Herstellung von Prototypen und Kleinserien. Damit sind 3D-Strukturen ohne erhebliche Designeinschränkungen herstellbar [93].

Am Institut für Mikroverfahrenstechnik (IMVT, KIT) werden kleinste Rechteckwerkzeuge aus Diamant mit einer Schnittbreite von 40 µm bzw. V-Nutenfräser mit einer Spitzenbreite unter 10 µm bei einem Spitzwinkel von 15° eingesetzt. Mit Schaftfräsern werden Aspektverhältnisse bis 5 erreicht, mit Profilfräsern ist die Fertigung feinere Strukturen bis Aspektverhältnis 10 möglich.

Im Rahmen dieser Arbeit wurde das Verfahren Mikrofräsen eingesetzt. Das Fräsen ist ein spanendes Fertigungsverfahren, bei dem der Fräser (das Werkzeug) um seine Längsachse rotiert und von einer Hochpräzisionsfräsmaschine in definierter Weise über das zu bearbeitende Werkstück geführt wird. Je kleiner der eingesetzte Fräser ist, umso genauer kann die gewünschte Mikrostruktur ausgearbeitet werden. Die kleine Größe des Werkzeugs führt meistens zu einem sehr hohen und schnellen Verschleiß der Mikrofräser. Die Werkstoffauswahl für Formeinsätze beschränkt sich damit auf weichere Materialien wie Messing.

Am IMVT wurden durch Mikrofräsen für erste Prototypenstrukturen Mikrokanäle mit einem Querschnitt 50 x 50 μm^2 in PC direkt strukturiert (siehe dazu Kapitel 4.3.1) und die für das Heißprägen benötigten Formeinsätze aus Messing (siehe dazu Kapitel 4.3.2) gefertigt.

3.2.2 Abformung

Alle Replikationstechniken zur Herstellung von Mikrostrukturen werden unter dem Begriff "Mikroabformung" zusammengefasst. Urformverfahren wie Spritzgießen, Spritzprägen oder Heißprägen werden zur Abformung von Mikrobauteilen aus Kunststoffen verwendet. Die aufgezählten Abformungsverfahren kommen meist zur Strukturierung von thermoplastischen Polymeren zum Einsatz [87, 94]. Industriell werden für die Massenfertigung hauptsächlich die ersten zwei Verfahren Spritzgießen und Spritzprägen verwendet, im Bereich der Forschung und Entwicklung für Prototypen- und Kleinserienfertigung eignet sich das Heißprägen sehr gut. Die Auswahl des Verfahrens hängt sowohl von der Geometrie der zu erzeugenden Mikrostruktur und der zu strukturierenden Fläche als auch von den verwendeten Polymermaterialien ab.

Im Rahmen dieser Arbeit wurden zwei Replikationsverfahren eingesetzt: Das Vakuumheißprägen zur Abformung von dünnen CE-Folienchips aus den a-morphen Thermoplasten PC und COC (Kapitel 4.3.2) und das Thermoformen zur Herstellung von dünnen CE-Folienchips aus dem teilkristallinen Thermoplast PEEK (Kapitel 4.4.1).

Als Replikationsverfahren zur Mikrostrukturierung wurde das Heißprägen erstmals Anfang der 1990er Jahre im Rahmen der Entwicklung der LIGA-Technik am Forschungszentrum Karlsruhe (jetzt KIT) eingesetzt [95]. Das Heißprägen ist ein Warmumformprozess, beim dessen Ablauf dünne Kunststofffolien als Ausgangsmaterial zwischen ein mikrostrukturiertes Werkzeug (metallischer Formeinsatz) und eine unstrukturierte Substratplatte eingelegt werden. Eine Abformung zwischen zwei mikrostrukturierten Formeinsätzen ist ebenfalls möglich. In dem Formeinsatz wird zuvor die gewünschte Mikrostruktur invers (als negativ) eingearbeitet. Um Lufteinschlüsse zu vermeiden, findet der Heißprägeprozess in einer Vakuumkammer statt. Das Vakuumheißprägen ist in Abb. 3-4 schematisch dargestellt [96]. Dabei wird der Formeinsatz mit hoher Kraft in eine thermoplastische Polymerfolie hineingedrückt, die über ihre Erweichungstemperatur erhitzt wurde. Das Polymer füllt das Werkzeug aus und es entsteht eine Mikrostruktur als formgenaue Abbildung des metallischen Formeinsatzes im Polymer.

Der Heißprägeprozess ist in folgende Prozessabschnitte gegliedert, wobei auf eine präzise Steuerung von Kraft, Weg und Temperatur geachtet wird:

1. Aufheizen des Kunststofffolie auf Umformtemperatur

2. Umformvorgang durch Prägen (kraft- und weggesteuert), Aufbringen der Prägekraft, Abbildung der inversen Struktur des Formeinsatzes in den Kunststoff

3. Abkühlen des Formteils und des Formeinsatzes auf Entformtemperatur unter Beibehaltung der Kraft

4. Entformen des Bauteils durch Herausfahren des Formeinsatzes und Substratplatte.

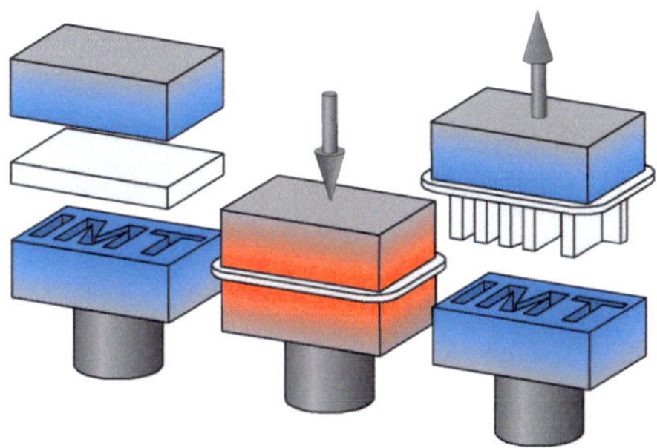

Abb. 3-4 Schematische Darstellung des Heißprägeprozesses [96]

Alle Prozessschritte und Parameter, analysiert für das Mikroheißprägen am IMT, sind in [94] ausführlich beschrieben. Mit diesem Prägeverfahren können hohe Aspektverhältnisse und kleinste Strukturdetails bis in den Nanometerbereich erreicht werden [97]. Aufgrund der Verwendung von dünnen Kunststofffolien als Ausgangsmaterial ist das Vakuumheißprägen besonders für die Abformung von großflächigen und sehr dünnen Bauteilen geeignet [96, 98]. Durch diese Eigenschaften findet die Heißprägetechnik Anwendungen im Bereich der Mikrooptik, Mikrofluidik insbesondere bei der Herstellung von Mikrokapillarsystemen auf einem Chip oder auf einer Mikrotiterplatte [99]. Somit ist auch die Mikrostrukturierung von ebenen Platten wie CE-Chips in sehr dünnen Polymerfolien, welche im Rahmen dieser Arbeit verwendet werden, möglich.

Ein weiteres Verfahren zur Herstellung komplexer mikrofluidischen Strukturen ist das Mikrothermoformen. Das Thermoformen ist für Anwendungen in der Industrie z. B. im Bereich der Verpackungstechnik für die Herstellung von makroskopischen Komponenten gut etabliert. Das Mikrothermoformen wurde am IMT zur Herstellung von dreidimensionalen Mikrostrukturen aus Polymermembranen [100] und zur Fertigung von polymeren Zellkulturträger für das Tissue Engineering [101] entwickelt. Der besondere Vorteil dieses Verfahrens liegt in der Möglichkeit dünnste Kunststofffolien bearbeiten zu können. Ähnlich wie beim Heißprägen werden hierbei thermoplastische Folien als Ausgangsmaterial verwendet, die auf eine Temperatur im Glasübergangstemperaturbereich erhitzt werden. Der metallische Formeinsatz wird bei diesem Verfahren nicht wie beim Heißprägen als Stempel, sondern nur als formgebendes Werkzeug eingesetzt, in das die verstreckte Folie eingeformt wird. Das Thermoformen hat gegenüber dem Heißprägen den Vorteil, dass bei relativ niedriger Umformtemperatur gearbeitet wird. Somit können Polymere mit sehr hoher

Schmelztemperatur wie z. B. PEEK (334 °C) bei niedriger Temperatur (180 °C) strukturiert werden. Aus diesem Grund wurde das Thermoformen als ein Verfahren zur Strukturierung von dünnen CE-Folienchips aus dem teilkristallinen Thermoplast PEEK weiter entwickelt.

3.2.3 Lasermikromaterialbearbeitung

Mit der Laserprozesstechnik ist sowohl Mikro- und Nanostrukturierung als auch Oberflächenmodifizierung und Deckelung von polymeren Mikrokomponenten möglich [102]. Für die Materialklasse der Polymere bieten die Laserprozesse vielfältige Möglichkeiten zur direkten Mikrostrukturierung. Zu den wichtigen Lasermikrobearbeitungsverfahren gehören das Laserstrahlschneiden, -bohren, -schweißen und der Formabtrag. Bei der Laserstrukturierung erfolgt eine lokale Erhitzung des Materials mittels Laser und daraus resultierender lokaler Verdampfung des Materials. Wichtige Laserparameter für die Wahl der Laserstrahlung sind zum ersten der Wellenlängebereich, zum zweiten die zeitliche Länge des Laserpulses und zum dritten die Laserenergiedichte. Die Strukturauflösung wird durch die Wellenlänge bestimmt, je kleiner die Wellenlänge, desto kleiner die Strukturauflösung. Durch die Dauer des Laserpulses wird der thermische Eintrag in das Material beeinflusst, je kürzer der Laserpuls, desto geringer die thermische Belastung des Werkstoffs. Die Laserenergiedichte bestimmt die Abtragsrate. Hohe Abtragsrate wird durch hohe Energiedichte erreicht.

Am Institut für Materialforschung (IMF-I, KIT) kommen zur Mikrostrukturierung von Polymeren folgende Lasertypen zum Einsatz: CO_2-, Nd:YAG- und Excimer-Laser [90]. CO_2-Laser werden zum großflächigen Bohren, Schweißen und Schneiden von Polymeren verwendet. Sie sind sehr leistungsstark bzw. besitzen eine hohe Pulsenergie. Planare CE-CCD-Chips aus PMMA wurden durch CO_2-Laserstrahlung hergestellt und mittels Laserdurchstrahlschweißen mit einer 40 µm dicken PMMA-Folie gedeckelt [103, 104]. Für den Deckelungsprozess wurde der kostengünstige Diodenlaser (Wellenlänge 940 nm) gegenüber dem Nd:YAG-Laser als Strahlquelle bevorzugt eingesetzt. Die Herstellung von dreidimensionalen Mikrostrukturen aus Polymeren ist durch die UV-Laserstrahlung möglich. Dabei werden zwei Typen von UV-Laserstrahlquellen werden unterschieden: Nd:YAG- und Excimer-Laser. Nd:YAG-Laser werden zur Mikrostrukturierung von unterschiedlichsten Materialien wie z. B. Metalle, Keramiken und Polymere verwendet, weil sie bei verschiedenen Wellenlängen (532 nm, 355 nm, 266 nm) betrieben werden können. Sie finden

Anwendung zum Schneiden von NiTi-Legierungen, Schweißen von Stahl, zur Herstellung von Formeinsätzen (Laser-LIGA) oder zum Abtrag von Polyimid zur Herstellung von Mikrofluidik-Chips [102]. Excimer-Laser ermöglichen Strukturauflösungen im Submikrometerbereich. Sie gehören zu den wichtigsten Gaslasern, deren Wellenlänge im ultravioletten Spektralbereich (Argonfluorid-Laser 193 nm, Kryptonfluorid-Laser 248 nm) liegt [105]. Anwendungen findet die Excimer-Laserstrukturierung insbesondere in der Lithographie, der direkten Oberflächenstrukturierung, aber auch zur Reinigung von Oberflächen.

Im Rahmen dieser Arbeit wurde das Verfahren der Lasermikrobearbeitung zur Fertigung von doppelseitig laserstrukturierten Folienchips aus PEEK zur 2D-CE (Kapitel 4.4.2) eingesetzt. Dünne PEEK-Folien wurden am IMF-I mit einem KrF-Excimer-Laser mikrostrukturiert, wobei rechteckige Mikrokanäle mit einem Querschnitt 50 x 50 μm^2 gefertigt werden konnten. Anschließend wurden sie durch Thermisches Bondverfahren dreilagig, d. h. jeweils mit einer Boden- und einer Deckelfolie, gebondet.

3.3 Aufbau- und Verbindungstechnik

Die Aufbau- und Verbindungstechnik (AVT) spielt für die Mikrosystemtechnik eine große Rolle, denn sie ermöglicht es, Komponenten der Mikrostrukturtechnik und der Mikroelektronik zu kombinieren und sie in einem Mikrosystem zu integrieren [106]. Die AVT stellt dabei höchste Ansprüche an Material und Methoden. Anforderungen wie Biokompatibilität der Materialien, Korrosionsbeständigkeit, Sterilisierbarkeit und Langzeitstabilität der Mikrosysteme sind in der Medizintechnik beispielsweise bei den künstlichen Implantaten von entscheidender Bedeutung.

Bei der Deckelung von mikrofluidischen Strukturen für den Einsatz in der Analytik liegt das Problem darin, dass die zu verbindenden Bereiche und die Mikrokanalbereiche sehr eng beieinander liegen. Folgende Anforderungen sind dabei zu erfüllen:

- Die Mikrokanäle mit möglichst geringem oder keinem Totraum zu verschließen.

- Eine dichte, lekagefreie und dauerhaft feste Verbindung zwischen den mikrostrukturierten Bauteilen zu sichern.

- Das Beibehalten der Kanalgeometrie zu gewährleisten.

- Die verschlossenen Mikrokanäle frei von Partikelverunreinigungen, die die Funktionsfähigkeit des Fluidiksystems negativ beeinträchtigen können, zu halten.

Ein Verbindungsverfahren wird als optimal betrachtet, wenn es zu einem zuverlässiges Verschließen einer oder mehrer mikrostrukturierten Kunststoffplatten führt, Beschädigungen der Kanalgeometrie vermeidet, keine Verunreinigungen oder Klebstoffe in die Kanäle einbringt, unabhängig von den Strukturabmessungen ist und möglichst einfach und robust durchzuführen ist.

Verschiedene Verbindungstechniken sind prinzipiell für das Verbinden von fluidischen Mikrostrukturen aus Polymeren geeignet: Das Kleben, das Schweißen und das Bonden.

3.3.1 Kleben

Das Kleben gehört zu einer der ältesten Verbindungstechniken. Dieses Verbindungsverfahren wird als stoffschlüssiges Fügen von Bauteilen unter Verwendung eines Klebstoffs definiert. Die Haftfestigkeit einer Klebeverbindung basiert auf der Adhäsion des Klebers an der Oberfläche der Fügeteile und der Kohäsion im Inneren des Klebstoffes. Der Klebstoff haftet an der Fügeoberfläche durch physikalische oder chemische Wechselwirkungen und mechanischen Formschluss. Wichtig ist dabei, dass der Klebstoff nah genug an die Oberfläche des Fügeteils reicht, so dass die Adhäsionskräfte wirken können. Schmutzpartikel oder Fettschichten auf der Fügeoberfläche können die Haftung deutlich verringern. Somit werden beim Kleben hohe Anforderungen an die Sauberkeit der Oberflächen gestellt.

Das Kleben gehört im Gegensatz zu Schweißen oder Bonden zu den wärmearmen Verbindungstechniken. Das Aushärten vom Klebstoff erfolgt meistens bei Raumtemperatur, was Gefügeveränderungen und Spannungen in den Fügeteilen verringert. Mit diesem Verfahren lassen sich gleich- und verschiedenartiger Werkstoffe miteinander verbinden, sowohl verschiedene Kunststoffe (Thermoplaste, Elastomere und Duroplaste) als auch Metalle. Hybrid-Verbindungen zwischen Metall und Kunststoff sind somit auch möglich [107]. Verschiedene Klebeverfahren kommen inzwischen in der Mikrosystemtechnik zum Einsatz. Bekannt dabei sind das Kapillarkleben, das Kammerkleben sowie das Lösungsmittelkleben.

Das Kleben wird beim Verbinden einzelner mikrostrukturierten Polymerschichten zu einem CE-Chip als kritisches Verfahren betrachtet. Beim

Kapillarkleben beispielsweise ist die Verklebung sehr langer und schmaler Mikrostrukturen (z. B. CE-Chips) kritisch, da der Kapillareffekt über die notwendige Wegstrecke hinweg nicht ausreichen würde. Schwierig ist dabei außerdem das Sichern der Kanalbereiche, die einerseits dicht verschlossen werden müssen andererseits aber auch klebstofffrei bleiben müssen. Als mögliche Alternative zum Kleben kommen hierzu das Schweißen und das Bonden in Frage.

Im Rahmen dieser Arbeit wurde das Kleben zum Aufbringen von Reservoirstruktur aus PMMA auf den thermisch gebondeten CE-Chips aus PC (siehe Kapitel 4.6) eingesetzt. Hierbei ging es um das Verbinden von zwei glatten unstrukturierten Fügeflächen, die kaum kritische Stellen beinhalteten. Für diesen Zweck konnte das Verfahren problemfrei eingesetzt werden. Zum Kleben wurde ein Kapillarklebstoff verwendet, der in wenigen Sekunden durch UV-Licht bei Raumtemperatur aushärtet. Zum Aufkleben der PEEK-Reservoirstruktur auf den gebondeten Folienchips aus PEEK wurde Zweikomponenten-Epoxidharzklebstoff genutzt, der das Kleben von nicht transparenten und chemischresistenten Polymer, wie beispielsweise PEEK, problemlos ermöglicht hatte.

3.3.2 Schweißen

Gleiche oder ähnliche Werkstoffe können durch Schweißen miteinander verbunden werden, wobei eine stoffschlüssige Verbindung zwischen den zu fügenden Bauteilen durch lokales Aufschmelzen in der Fügezone und leichten Druck entsteht. Aus den drei Kunststoffgruppen Duroplaste, Thermoplaste und Elastomere lassen sich nur die Thermoplaste verschweißen, da nur sie in den (thermoplastischen) Schmelzezustand überführt werden können [107]. Zu den für polymere Mikrostrukturen geeignete Schweißverfahren zählen das Ultraschallschweißen und Laserdurchstrahlschweißen.

Das Ultraschallschweißen ist ein schnelles und fremdstofffreies Schweißverfahren, bei dem hochfrequente mechanische Schwingungen verwendet werden. Dabei wird das Polymer in der Fügezone durch Zerstreuung mechanischer Schwingungsenergie lokal geschmolzen und eine Schweißnaht erzeugt wird [108]. Um einen möglichst geringen Totraum im zu verschweißenden Kanalbereich eines mikrofluidischen Systems zu haben, muss hier besonders darauf geachtet werden, dass der Schweißprozess möglichst nah an der Kanalkante verläuft. Aufgrund der kurzen Zykluszeiten ist dieses Verfahren besonders für den Einsatz in der Serienproduktion geeignet.

Am IMF-I wurde das Laserdurchstrahlschweißen mit Hochleistungsdiodenlaser zum Verbinden von laserstrukturierten oder abgeformten Fluidikstrukturen entwickelt [104]. Beim Laserdurchstrahlschweißen wurde ein opaker Kunststoff, undurchlässig für die Laserstrahlung, mit einer transparenten Kunststofffolie verschweißt. Zu diesem Zweck wurde eine Absorptionsschicht mit einer Dicke von 3-5 nm, bestehend aus graphitischem Kohlenstoff, in die Fügefläche eingebracht. Dabei wird die obere transparente Deckelfolie vom Laser durchstrahlt und an der Oberfläche des unteren opaken Polymersubstrats absorbiert. Dadurch entsteht die für das Verschweißen benötigte Wärme, indem eine lokale Erhitzung des Materials erfolgt. Dieses Verfahren wurde schon zum Deckeln von CE-Chips, hergestellt aus dem transparenten Polymer PMMA, eingesetzt [103]. Damit konnten Mikrokanäle mit einem Querschnitt von 100 x 100 μm^2 mit einer 40 μm dicken Deckelfolie aus PMMA verschweißt werden. Es wurde insgesamt eine gute Dichtigkeit und hohe Festigkeit der Verbindungen erreicht. Nach Durchführung von CE-Messungen mit den laserverschweißten CE-Chips wurde aufgrund der aufgebrachten Kohlenstoffabsorptionsschicht eine Erhöhung des EOF in den Mikrokanälen beobachtet. Beim Nachweis von Kationen wirkt sich dieser Effekt positiv auf die Trennung aus, die Anionentrennung wird hingegen negativ beeinflusst.

3.3.3 Bonden

Neuartige Bondverfahren zum Verbinden von mikrostrukturierten fluidischen und optischen Bauteilen aus Polymeren wurden in den letzten Jahren verstärkt in den Funktionsbereichen der Optik und Mikrofluidik am IMT entwickelt. Dazu zählen insbesondere das UV-unterstützte Bonden und das Thermische Bonden.

- **UV-unterstützte Bonden**

Das UV-unterstützte Bonden wurde zum Deckeln von fluidischen und optischen Mikrostrukturen, hergestellt aus PMMA, entwickelt [109], das auf der so genannten Photodegradation der Polymere basiert. Vor dem eigentlichen Bondvorgang werden zunächst die zu verbindenden Polymeroberflächen mit UV-Licht bei einer Wellenlänge von 240 nm bestrahlt. Die Bestrahlung verursacht Kettenbrüche in der PMMA-Molekülstruktur, was zu einer Reduktion des Molekulargewichts des Polymers führt. Damit wird die Glasübergangstemperatur im oberflächennahen Bereich des Polymers in Abhängigkeit der eingesetzten Bestrahlungsdosis bzw. Bestrahlungszeit deutlich reduziert. Anschließend werden die beiden bestrahlten Substrate aus PMMA unter Druck in Kontakt gebracht und bei einer niedrigen Temperatur gebondet. Die typischen Prozessparameter waren wie folgt: UV-Dosis-1,5 J/cm^2, Bondtemperatur für PMMA-80 °C, Bonddruck-0,5 N/mm^2, Bonddauer-5 min. Dieses Verfahren eignet sich sehr gut zum Bonden von schmalen und tiefen Kanälen (< 20 µm), bei denen eine Deformation der Kanalgeometrie die Strukturfunktion erheblich beeinflussen kann [110].

- **Thermisches Bonden**

Das thermische Bonden wurde am IMT zum Deckeln von planaren CE-Chips mit unstrukturierten dünnen Deckelfolien entwickelt. Die Deckelung von solchen mikrofluidischen Strukturen wurde bis zu diesem Zeitpunkt als ein kritischer und schlecht reproduzierbarer Prozess bezeichnet. In [111] wurden alle Prozessparameter zum Bonden von CE-Chips, hergestellt aus verschiedenen Polymeren wie z. B. PMMA, PC, PS und COC, ermittelt, optimiert und zusammengefasst.

Das thermische Bonden ist ein relativ einfaches und flexibles Verfahren, das ohne Einsatz von Klebstoffen oder Lösungsmitteln funktioniert. Dabei ist es sehr gut geeignet zum Verbinden von mikrofluidischen CE-Strukturen in mehreren Ebenen. Durch dieses Verfahren können gleichartige oder unterschiedliche Polymermaterialien mit ähnlicher Glasübergangstemperatur und ähnlichem Viskositätsverhalten in der Schmelze unter Temperatur und Druck thermisch miteinander verbunden werden. Die Thermoplaste lassen sich im Gegensatz zu den Elastomeren und Duroplasten am besten mit diesem Verfahren bonden, weil sie während ihres gummielastischen Zustands in einem bestimmten Temperaturbereich verformbar sind.

Bei thermischem Bonden werden mehrere mikrofluidischen Polymerstrukturen zwischen zwei parallelen Heizplatten gelegt und innerhalb wenigen Minuten zusammengepresst. Der Bondprozess kann sowohl unter Vakuum als auch bei Raumbedingungen durchgeführt werden. Entscheidend für bestmögliche Bondergebnisse ist die genaue Ermittlung der Prozessparameter: die Bondtemperatur, der Bonddruck und die Bondzeit. Die Bondtemperatur wird knapp unter der Glasübergangstemperatur der zu verbindenden Polymeren eingestellt. Der Druck auf die gesamte Bondfläche der Strukturen muss genau ermittelt werden. In der Regel treten bei zu hohem Druck und zu hoher Bondtemperatur Verformungen der Mikrostruktur bzw. Deformationen der Kanalgeometrie auf. Eine unzureichende Festigkeit der Bondverbindung tritt bei zu niedriger Temperatur und zu geringem Druck auf.

Der Ablauf eines thermischen Bondverfahrens wird durch folgende Arbeitsschritte beschrieben:

1. Vorbereitungsschritt: Die zu verbindenden mikrofluidischen Polymerstrukturen müssen gereinigt werden, sie müssen staub- und fettfrei sein.

2. Bonden der Polymerstrukturen: 1) Aufheizen auf die Bondtemperatur; 2) Einlegen der Fügeteile in die Bondmaschine und Zusammenfahren der beiden Heizplatten; 3) Aufbringen des auf die Bondfläche ermittelten Bonddruckes

3. Abkühlung unter aufrechterhaltenen Druck bis eine formstabile Verbindung erreicht ist.

Im Rahmen dieser Arbeit wurde das thermische Bondverfahren zum zeitgleichen Bonden mehrerer mikrostrukturierten Polymerschichten eingesetzt und weiterentwickelt. Dadurch wurden CE-Folienchips auf PC-COC-Basis mit integrierter nanoporösen PCTE-Membran (siehe Kapitel 4.3.3) gebondet. Weiterhin wurde auf die ermittelten Bondparameter des Plasma unterstützten Thermobondverfahrens [25] zurückgegriffen und das Verfahren zum Bonden von doppelseitig laserstrukturierten Chips aus PEEK (siehe Kapitel 4.4.3) optimiert und weiterentwickelt.

4 Herstellung mehrlagiger CE-Strukturen aus Polymeren

Neben Zuverlässigkeit und Funktion ist die preiswerte Herstellung von mikrofluidischen Komponenten eine notwendige Vorrausetzung für einen Einsatz als Einwegprodukte, speziell für Anwendungen in den medizinischen und diagnostischen Bereichen. Alle an einer (bio-) chemischen Reaktion beteiligten Materialien und Substanzen müssen dabei über eine gute Biokompatibilität und ausreichende chemische Beständigkeit verfügen [112]. Die Herstellung der mehrlagigen mikrofluidischen Systeme wurde aus den Polymeren PC, COC und PEEK deswegen angestrebt, weil diese Kunststoffe die Materialanforderungen erfüllen.

Der entstandene Herstellungsprozess bei der Entwicklung mehrlagiger CE-Strukturen wird in Kapitel 4 ausführlich erklärt. Eine Gliederung der Fertigungsschritte wird in Abb. 4-1 gezeigt, wobei eine chronologische Darstellung der durchgeführten Prozesse präsentiert wird.

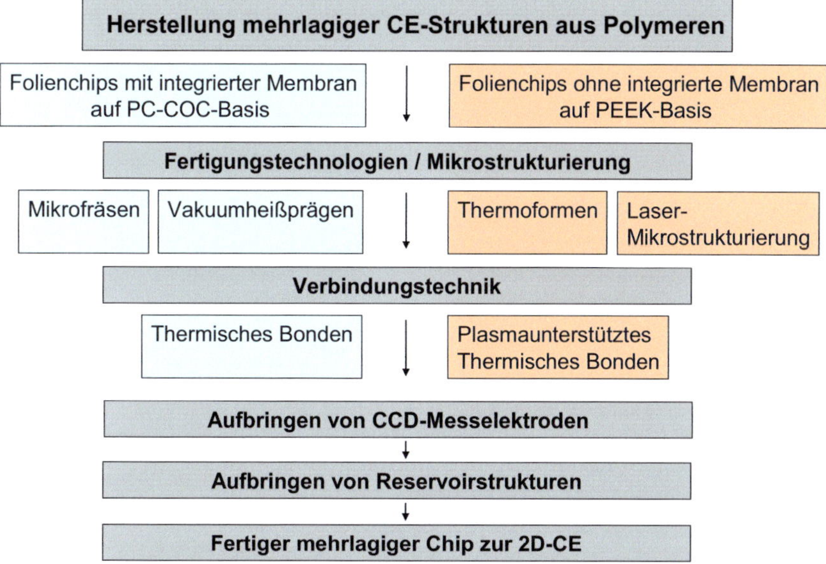

Abb. 4-1   Gliederung der Fertigungsschritte beim Herstellungsprozess mehrlagiger mikrofluidischen Systeme aus Polymeren

Im Folgenden werden die im Rahmen dieser Arbeit entworfenen Chipdesigns beschrieben.

4.1 Designentwürfe für mehrlagige Chips zur 2D-CE

Zur Realisierung einer zweidimensionalen Kapillarelektrophorese (2D-CE) wurden drei Designs für mehrlagige CE-Chips entworfen (siehe Abb. 4-2). Unter zweidimensionaler CE ist die Auftrennung eines Analytpfropfens in zwei Schritten zu verstehen (siehe hierzu Kapitel 2.1.4). Damit können bei einer unvollständigen Separation der Testsubstanz nach der ersten Separation einzelne Fraktionsgruppen ausgewählt und über einen Sammelkanal (*engl. collection channel*) in einen zweiten Trennkanal zur weiteren Auftrennung übergeleitet werden.

Alle drei Designs zeigen ein mehrlagiges Multikanalsytem, das entweder aus drei- oder vier Mikrokanälen aufgebaut ist (siehe Abb. 4-2). Die in einer Ebene strukturierten Injektions- (1-2) und Ausschleusekanäle (5-6) werden durch eine nanoporöse Membran von den Separationskanälen (3-4; 7-8) der nächsten Ebene abgetrennt. Durch diesen Aufbau soll ein kontinuierliches Nachfließen des zu untersuchenden Analyten verhindert werden. Die Flussrichtung des Analyten ist mit roten Pfeilen im System gekennzeichnet. Eine kontaktlose Leitfähigkeitsdetektion (CCD) der aufgetrennten Substanz soll bei allen drei Designs an zwei Stellen mit jeweils zwei Elektrodenpaaren nacheinander erfolgen.

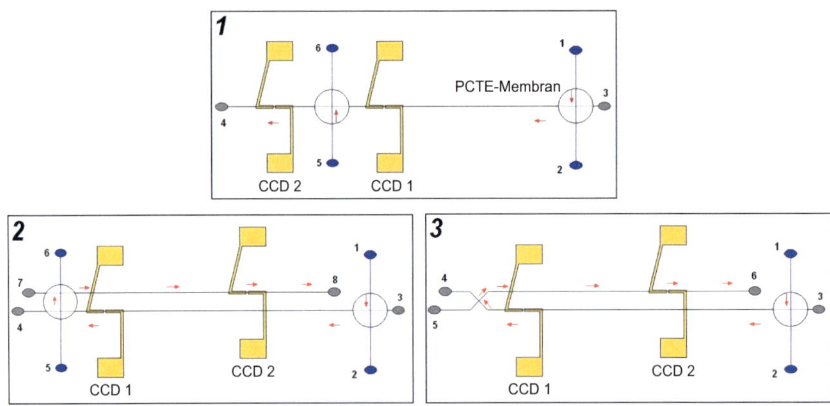

Abb. 4-2   Design 1, 2 und 3 des mehrlagigen CE-Chips zur zweidimensionalen CE, Analytflussrichtung ist in rot gekennzeichnet (Aufsicht)

Mit der dreikanaligen CE-Struktur nach Design 1 (Abb. 4-2) sollte untersucht werden, wie die Injektion über die Membran in den Trennkanal (3-4) der nächsten Ebene funktioniert und ob man ausgewählte Fraktionen des aufgetrennten Analyten in den Ausschleusekanal (5-6) überleiten kann. Das Elektrodenpaar CCD 1 zeigt zunächst die Auftrennung des Analytpfropfens in mehrere Fraktionen im Separationskanal an. Einzelne Fraktionen werden in den Ausschleusekanal umgeleitet, so dass diese dann nicht mehr am Elektrodenpaar CCD 2 erscheinen.

Der vierkanalige CE-Chip nach Design 2 (Abb. 4-2) soll die angestrebte zweidimensionale Kapillarelektrophorese ermöglichen. Über den Injektionskanal (1-2) wird die zu separierende Analytprobe in den ersten Separationskanal (3-4) transportiert und aufgetrennt. Die erste Detektion erfolgt am Elektrodenpaar CCD 1. Ausgewählte Fraktionen werden dabei aufgefangen und über den Sammelkanal (5-6) in den zweiten Separationskanal (7-8) übergeleitet und dort weiter separiert. Die zweite Auftrennung des aufgefangenen Analytpfropfens erfasst das Elektrodenpaar CCD 2.

Der dreikanalige CE-Chip nach dem Design 3 soll mit dem vierkanaligen System nach Design 2 verglichen werden (Abb. 4-2). Er ist so konzipiert, dass nur im Injektionsbereich eine nanoporöse Membran eingebaut wird und an der Überleitungsstelle zwischen beiden Trennkanälen (3-4) und (5-6) eine direkte Fluidverbindung ermöglicht wird. Dadurch leitet man im Vergleich zu Design 2 größere Menge des aufgefangenen Analytpfropfens in den zweiten Separationskanal (5-6) über. Eine bessere Trennleistung und Peakauflösung in der zweiten Dimension soll hierdurch erzielt werden.

4.2 Charakterisierung der nanoporösen PCTE-Membran

Zwischen die beiden mikrostrukturierten Schichten des mehrlagigen CE-Chips soll eine Kernspurmembran aus Polycarbonat (*engl. Polycarbonate Track Etched Membrane*, PCTE-Membran) integriert werden. Die Membran soll die Fluidverbindung zwischen zwei übereinander liegenden Kanälen sichern und das Nachdiffundieren von Substanzen von einer zur nächsten Ebene einschränken.

Diese Membrantypen werden in der Laborpraxis oft als Filtrationseinheiten verwendet. In Abb. 4-3 sind zwei Membranfilter gezeigt, in denen Kernspurmembrane verkapselt sind. Diese Spritzenaufsatzfilter kommen als Einwegprodukt z. B. zur manuellen Probenreinigung, Partikelentfernung, Mikrofiltration von Analytlösungen oder Proteinmischungen zum Einsatz [113]. Sie werden auch häufig bei der Zellkultivierung in der Zellbiologie verwendet.

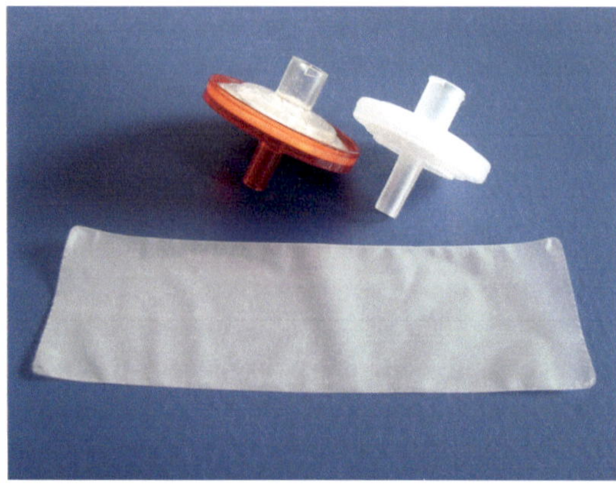

Abb. 4-3 Spritzenaufsatzfilter und PCTE-Membran der Firma GE Osmonics

Kernspurmembranen werden derzeit industriell aus den polymeren Materialien Polycarbonat (PC), Polyethylenterephthalat (PET) und Polyimid (PI) [114] hergestellt. Sie wurden in den 60er Jahre von der Firma General Electric zunächst auf Silikatbasis, später auf PC-Basis entwickelt [115]. Die PCTE-Membran, die in dieser Arbeit zum Einsatz kam, wurde von der Firma GE Osmonics (Minnetonka, USA) hergestellt. Solche Membrane werden mittels Ionenspurtechnologie (Track-etching) aus dem Standardpolymer Polycarbonat (Makrofol® DE) der Firma Bayer MaterialScience AG (Leverkusen, Deutschland) erzeugt. Bei diesem Verfahren wird eine Polycarbonatfolie mit einer Dicke von 6 bis 10 µm mit Argon- oder Xenon-Ionen beschossen. Durch die Durchdringung der Schwerionen wird die Polymerstruktur beschädigt und es entstehen so genannte Kernspuren im Material. Danach werden die geschädigten Stellen beispielsweise mittels KOH weggeätzt. Die Anzahl der Poren ist abhängig von der Expositionszeit in der Strahlungsquelle, der Porendurchmesser hängt von der Ätzdauer ab [116].

Diese Herstellungsmethode garantiert Membranen mit gleichförmigen zylindrischen Kapillarporen mit definierter Porengröße von üblicherweise 0,01 µm bis 20,0 µm und definierte Porendichte von 10^4 bis 10^9 Poren pro cm^2 (Abb. 4-4).

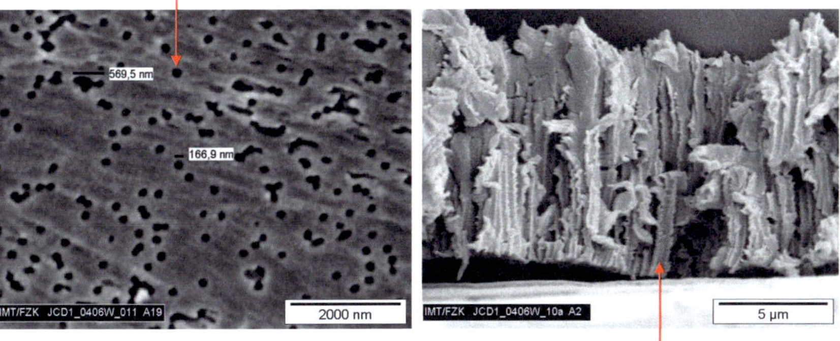

Abb. 4-4   Aufsicht (links) und Querschnitt (rechts) der PCTE-Membran mit Porengrößen von 200 nm und einer Membrandicke von 10 µm

Die glatte Oberfläche dieser Membran ist für die gute thermische Verbindung der einzelnen Schichten des CE-Chips vorteilhaft und für mikroskopische Auswertungen geeignet. Die Membran bleibt thermisch stabil bis 140 °C, autoklavierbar ist sie bei 120 °C. Ihre hohe Wärmebeständigkeit ermöglicht den Einsatz des thermischen Bondens als Verbindungstechnik bei der Herstellung mehrlagiger CE-Chips anzuwenden.

Die dünne Membran ist sowohl chemisch als auch mechanisch sehr beständig. Sie ist hydrophil, biologisch innert, nicht elektrisch leitend, von wässrigen Lösungen benetzbar, proteindurchlässig und somit generell für chemische und biologische Analysen gut geeignet. Aufgrund ihrer Eigenschaften findet sie breites Anwendungsspektrum, das von Chemotaxistudien über Getränkeanalysen, Sterilitätstests, Zellkultur-/Zellbiologie, Bioassays, Zytologie, Umwelt-/ Luftanalysen bis zu Anwendungen bei Epifluoreszenz reicht.

Die Struktur von PCTE-Membranen aus Makrofol wird in [117] auf die Symmetrie der Porengeometrie untersucht. Studiert werden dabei Poren mit einem Durchmesser von 30 nm, wobei festgestellt wurde, dass bei kleineren Porendurchmessern höhere Asymmetrie und Überschneidungen der Poren in der Tiefe auftreten. Durch die Ionenspurtechnologie kann in Folge von „Doppelbeschüssen" keine ideale Porengrößenverteilung auf der Membranoberfläche erreicht werden [116].

Deswegen wurde die in dieser Arbeit verwendete Membran auf bestehende Überschneidungen der einzelnen Porenstrukturen untersucht, welche eine nachteilige Auswirkung auf eine dichte Verbindung zwischen Kanal und Membran haben könnten. In Abb. 4-4 links beobachtet man minimale Überschneidungen bei einer Porengröße von 570 nm, die sich als unkritisch für das zuverlässige Bonden von den drei Polymerschichten erwies.

4.3 CE-Folienchips mit integrierter Membran auf PC-COC-Basis

4.3.1 Mikrofräsen

Die zunächst getesteten CE-Strukturen (nach Design 2) wurden zu Beginn dieser Arbeit in kleinen Stückzahlen direkt aus dem Polymer Makrofol® DE 6-2 gefräst (Abb. 4-5, vergleiche Abb. 4-2 Design 2). Bei den durchgeführten CE-Messungen zur Chipfunktion, vorgestellt in Kapitel 5.3, wurde festgestellt, dass die größere Rauhigkeit der Kanalwände bei den gefrästen Chips, verglichen mit abgeformten Chips, das Signal-Rausch-Verhältnis beeinflusst. Im Gegensatz zu den gemessenen Rauhigkeitswerte bei den abgeformten Chips ($R_a \sim 0{,}03$ µm) waren die gemessenen Rauhigkeitswerte bei den gefrästen CE-Strukturen ($R_a \sim 0{,}2$ µm) um den Faktor 6 größer (vergleiche Abb. 4-5 mit Abb. 4-9 D).

Die gemessenen Signalrauschwerte bei den gefrästen Kanälen (ca. 30 µV) waren im Vergleich zu den gemessenen Signalrauschwerten der abgeformten Chips im Durchschnitt um den Faktor 3 größer (ca. 10 µV). Die entsprechenden Messkurven hierzu werden in Kapitel 5.3.2 diskutiert (vergleiche Abb. 5-11 der abgeformten Chips mit Abb. 5-15 der gefrästen Chips).

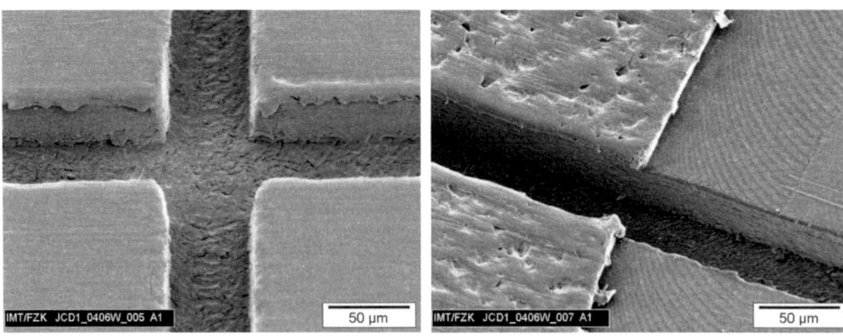

Abb. 4-5   Mikrogefräste Kanalkreuzung 50 x 50 µm^2 (links), eingearbeitete mikrogefräste Membrantasche von ca. 5 µm Tiefe (rechts) aus Makrofol DE 6-2

4.3.2 Abformung durch Heißprägen

Um eine kostengünstige Herstellung der oben dargestellten mehrkanaligen CE-Strukturen zu ermöglichen, wurde die Abformtechnik des Vakuumheißprägens eingesetzt. Verwendet wurde die Heißprägeanlage HEX03et der Firma Jenoptik Mikrotechnik (Abb. 4-6). Dieser Anlagentyp ist für die Abformung der CE-Strukturen aufgrund der hochpräzisen Kraft-Weg-Regelung und des flexiblen Steuerungssystems besonders geeignet. Bei diesem Typ Heißprägeanlage ist das Stammwerkzeug in die Maschine integriert, lediglich der Formeinsatz ist durch einfache und schnelle Montage austauschbar. Durch eine hochauflösende Kraftmessdose werden die auftretenden Kräfte im Prägeprozess direkt im Kraftfluss der Anlage erfasst. Dank der Maschinensteuerung auf der Basis einer Programmiersprache können die Prozessparameter noch während des Heißprägevorgangs verändert werden [96]. Durch die Flexibilität einer programmbasierten Steuerung sowie der Integration eines Stammwerkzeugs mit Heiz- und Kühlelementen eignet sich das Maschinenkonzept sowohl für das klassische Vakuumheißprägen als auch für thermisches Bonden oder Thermoformen von Polymerfolien [100, 101] sehr gut.

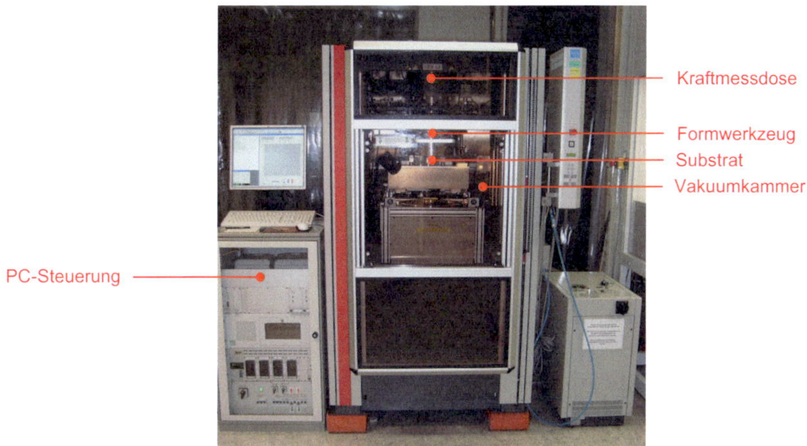

Abb. 4-6 Heißprägeanlage HEX03et der Firma Jenoptik Mikrotechnik

Die für das Heißprägen benötigten Formeinsätze aus Messing wurden mittels Mikrozerspanen von der Arbeitsgruppe Mikrozerspannung des Instituts für Mikroverfahrenstechnik (IMVT, KIT) hergestellt. Abb. 4-7 zeigt das nach Design 1 konzipierte Formwerkzeug (siehe dazu Abb. 4-2). Die obere Hälfte des Formeinsatzes (1) enthält den Separationskanalsteg, die untere Hälfte (2) die beiden Injektions- und Ausschleusekanalstege (siehe Abb. 4-7). Jede der beiden Hälften wird nach der Abformung in Kunststoff als einzelne Schicht eines mehrlagigen Polymerchips betrachtet. Beide Komponenten werden in einem Prägezyklus abgeformt und für die weitere Bearbeitung mechanisch voneinander getrennt (siehe hierzu Kapitel 4.3.3).

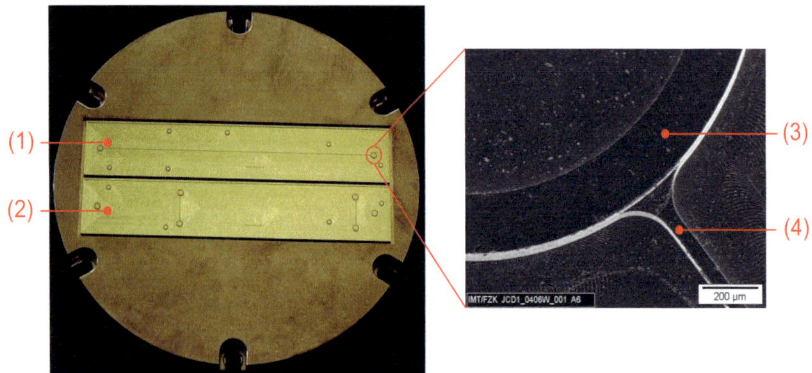

Abb. 4-7 Mikrogefräster Formeinsatz aus Messing (Chipdesign 1)

(1) Obere Hälfte: Separationskanalsteg

(2) Untere Hälfte: Injektions- und Ausschleusekanalsteg

(3) Ausschnitt des Formeinsatzes im Reservoirstrukturbereich

(4) Kanalsteg mit Querschnitt von 50 x 50 µm^2

Abb. 4-7 stellt einen Ausschnitt des Formeinsatzes im Reservoirbereich (3) und dessen Übergang zum Kanalsteg (4) mit einem Querschnitt von 50 x 50 µm^2 dar. In früheren wissenschaftlichen Arbeiten am IMT wurde dieser Kanalquerschnitt als optimal für CE-Trennungen mit CCD beschrieben [25]. Größere Kanalquerschnitte können zu thermischen Problemen führen, kleinere Querschnitte würden beim verwendeten Messprinzip zu einer geringeren Empfindlichkeit führen. Deswegen wurden alle Mikrokanäle in dem hier beschriebenen mikrofluidischen System mit dem oben genannten Kanalquerschnitt entworfen und abgeformt. Der Boden des abgeformten Reservoirbereichs wird durchstoßen und die eigentliche Reservoirstruktur wird in einem nächsten Fertigungsschritt auf dem gebondeten mehrlagigen Chip aufgeklebt (vergleiche hierzu Kapitel 4.6).

Beim Entwurf des ersten Formeinsatzes nach Design 1 wurde angenommen, dass die Dicke der nanoporösen Membran (~ 8 µm) ausreichend gering sei, um sie direkt zwischen den mikrostrukturierten Polymerschichten integrieren zu können. Nach den ersten Bondergebnissen (siehe 4.3.3.3, Abb. 4-19) wurde festgestellt, dass die Membran an ihrem Rande nicht richtig gebondet wird und eine reproduzierbar dichte Verbindung zwischen den Schichten nicht sichergestellt werden kann. Zur optimalen Integration der nanoporösen Membran zwischen der unteren und oberen Schicht eines mehrlagigen Chips wurden deswegen spezielle Taschen in den Kanalkreuzungsbereichen der beiden folgenden Chipdesigns 2 bzw. 3 gefertigt.

Der entworfene Formeinsatz aus Messing nach Design 2 (siehe dazu Abb. 4-2) wird in Abb. 4-8 dargestellt. Ähnlich wie bei Design 1 sind hier in der unteren Hälfte des Formeinsatzes die Kanalstege für den kurzen Injektions- und Ausschleusekanal enthalten. Der Unterschied zum ersten Formeinsatz ist hier, dass die obere Hälfte des Werkzeugs zwei lange Kanalstege für die Separationskanäle mit zwei eingearbeiteten Taschenformen (Abb. 4-8 (1)) für die Membran beinhaltet.

Abb. 4-8   Gefräster Formeinsatz aus Messing nach Design 2; (1) Erhabene Taschenform für eine Membran durch einen Separationskanal (rechts) und zwei Separationskanäle (links)

Die erhabenen Taschenformen mit einem Durchmesser von 4 mm und einer Höhe von 5 µm konnten einwandfrei durch Mikrofräsen auf den beiden Formeinsätzen aus Messing strukturiert werden. Im Detail wird in Abb. 4-9 A und B die eine Variante der Taschenform durch einen Kanalsteg gezeigt. In Abb. 4-9 C und D ist die in PC abgeformte Membrantasche zu erkennen. Auf Abb. 4-9 B beobachtet man kleine Spanreste am Taschenrand, die nach der mikromechanischen Bearbeitung des Abformwerkzeugs aus Messing verblieben sind. Alle verwendeten Formeinsätze wurden sorgfältig vor dem eigentlichen Abformprozess im Ultraschallbad gereinigt. Während des ersten Heißprägevorgangs wurden die restlichen Grate an den Rändern der Taschenformen und der Kanalstege mit der Kunststofffolie entfernt.

Abb. 4-10 A stellt die zweite Variante der erhabenen Taschenform dar, die durch zwei Mikrokanalstege verläuft. Die in PC abgeformte Membrantasche durch zwei Trennkanäle wird in Abb. 4-10 B gezeigt. Man beobachtet insgesamt gelungene Abformungen der Membrantaschen mit guter Oberflächenqualität. Bei dem anschließenden thermischen Bondprozess zur Herstellung mehrlagiger CE-Chips wurden die nanoporösen Membranen in die abgeformten Taschen genau positioniert und mit den zwei mikrostrukturierten Polymerfolien als Sandwich zusammengebondet. Nach einer Optimierung der Bondparameter konnten insgesamt 15 Chips erfolgreich hergestellt werden (siehe hierzu Kapitel 4.3.3).

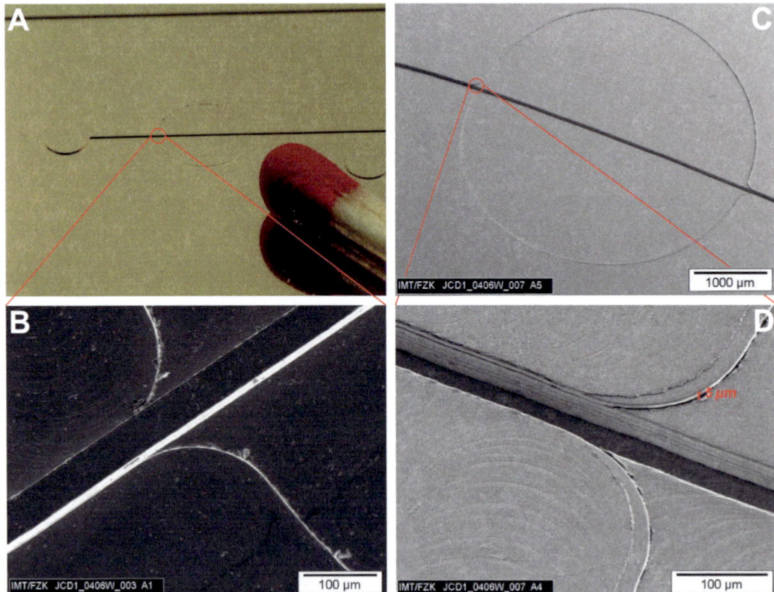

Abb. 4-9   **A**: Erhabene Taschenform mit einem Durchmesser von 4 mm und einer Höhe von 5 µm auf dem Formeinsatz aus Messing; **B**: Erhabener Taschenrand und Kanalsteg 50×50 µm^2; **C**: In PC abgeformte Membrantasche durch einen Separationskanal, **D**: Abgeformter Taschenrand mit einer Höhe von 5 µm

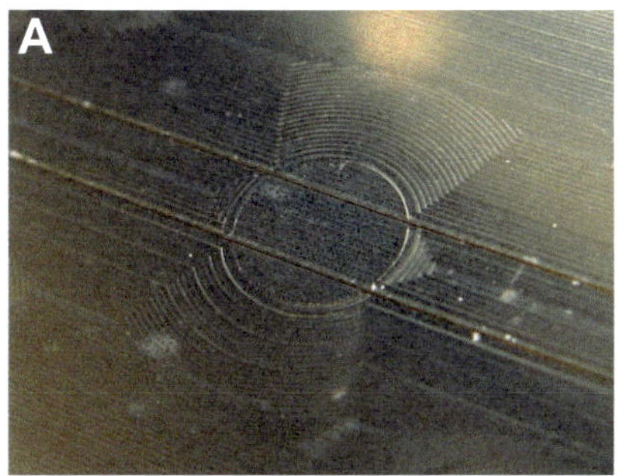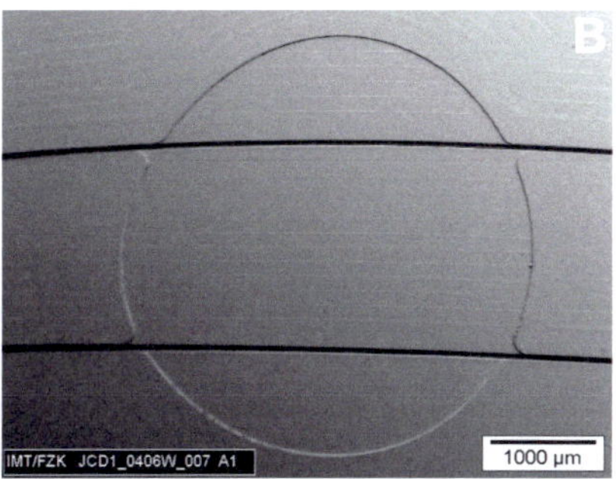

Abb. 4-10 **A**: Erhabene Taschenform mit einem Durchmesser von 4 mm und einer Höhe von 5 µm auf dem Formeinsatz aus Messing; **B**: In PC abgeformte Membrantasche durch zwei Separationskanäle

Bei dem mikrogefrästen Heißprägewerkzeug nach Design 3, gefertigt aus Messing, ist in Abb. 4-11 (1) die erste Variante der Membrantasche durch einen Separationskanal dargestellt. Eine detaillierte Ansicht der Taschenform zeigt Abb. 4-9 B. Der andere wichtige Bereich bei diesem Design ist die orthogonale Kreuzung der beiden langen Separationskanäle, die in Abb. 4-11 (2) zu sehen ist. Fertigungsbedingt entstehen bei der Mikrozerpanung in diesem Kreuzungsbereich abgerundete Ecken mit einem Radius von 30 µm. Durch die Geometrie der Kanalkreuzung vergrößert sich an dieser Stelle das Volumen des aufgefangenen Analytpfropfens, das während einer CE-Messung in den zweiten Separationskanal überleiten werden sollte (vergleiche Design 2, Abb. 4-2). Die zwei sich kreuzenden Kanäle mit einem Querschnitt vom 50×50 µm^2 wurden mit guter Qualität in PC und COC abgeformt (Abb. 4-11 (2) rechts).

Zusätzlich zu den Mikrokanalstegen, Taschenformen und Reservoirstrukturen wurden in den vorgestellten Abformwerkzeugen auch mehrere kleine Mikrosäulen eingefräst. Eine Säulenstruktur mit einem Durchmesser von 2 mm und Höhe von 100 µm ist in Abb. 4-11 (3) nahe am Kanalkreuz beider Trennkanäle zu erkennen. In den nach der Abformung entstandenen Löchern im Chip werden Stifte eingeführt, die zur Positionierung der Schattenmaske beim Besputtern der CCD-Elektroden dienen (siehe dazu Kapitel 4.5, Abb. 4-28).

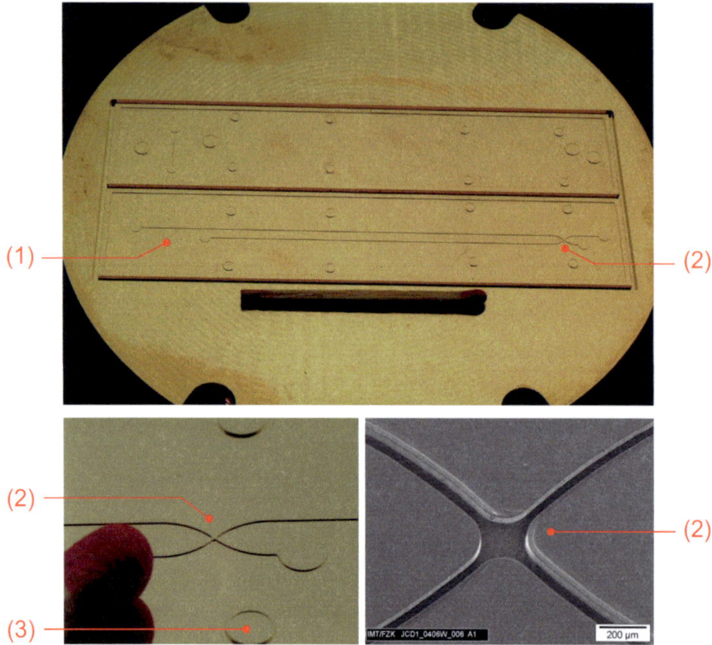

Abb. 4-11 Gefräster Formeinsatz aus Messing nach Design 3; (1) Erhabene Taschenform mit Höhe 5 µm durch einen Separationskanal (s. dazu Abb. 4-9), (2) Mikrogefräste Kanalkreuzstruktur (links) und in PC abgeformtes Kanalkreuz zweier Separationskanäle mit Kanalquerschnitt 50 x 50 µm^2 (rechts), (3) Mikrogefräste Säulenstruktur mit einem Durchmesser von 2 mm und Höhe von 100 µm

Ausschlaggebend für die Polymerauswahl in dieser Arbeit war eine ähnliche Glasübergangstemperatur mit der kommerziell erhältlichen PCTE-Membran, um eine zuverlässige thermische Verbindung zwischen den Ebenen sichern zu können. Die eingesetzten Polymere PC vom Typ Makrofol DE 6-2 (T_g = 140 °C) und COC vom Typ Zeonor® Film ZF 14-188 (T_g = 138 °C) gehören zu den amorphen Thermoplasten, die sich in der Regel sehr gut durch Abformtechiken strukturieren lassen [87].

Um eine ausreichende Messempfindlichkeit für die CCD-Detektion erreichen zu können, sollten die einzelnen Schichten des Multikanalsystems eine Dicke von 150 µm nicht überschreiten, da die Messempfindlichkeit vom Abstand zwischen dem Detektor und dem Kanal beeinflusst wird (Abb. 4-12 C). Um eine bessere Messempfindlichkeit zu erzielen, musste dieser Abstand verringert werden. Beim Abformungsprozess wurde deswegen eine möglichst kleine Restschicht der heißgeprägten Strukturen angestrebt.

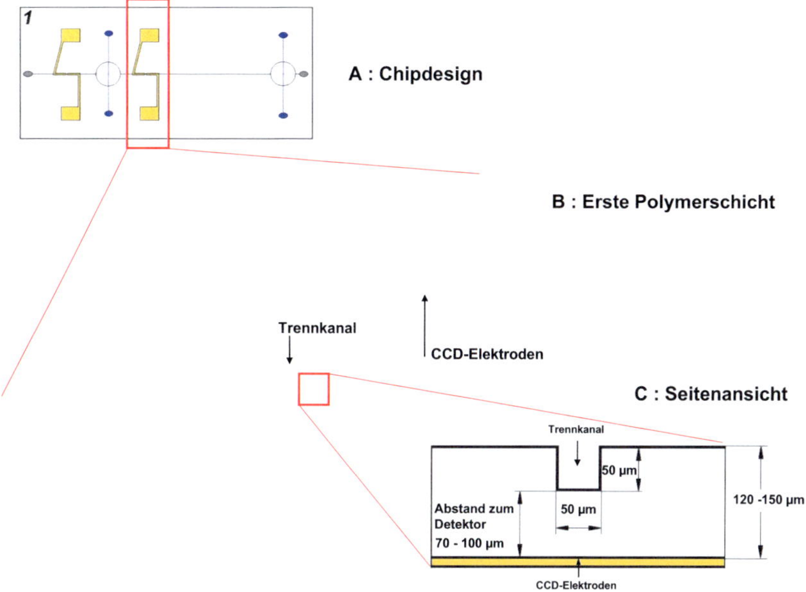

Abb. 4-12   Schema einer abgeformten Kanalstruktur in Polymerfolie mit von unten aufgesputterten CCD-Elektroden: **A**-Aufsicht des Designs eines mehrlagigen Chips; **B**-Ausschnitt der ersten Polymerschicht im Detektionsbereich; **C**-Seitenansicht der ersten Schicht mit Abstand zum Detektor

Die CE-Kanalstrukturen wurden in 150-200 µm dicke PC- und COC- Substratfolien mit einer ca. 30-50 µm dicken Restschicht abgeformt. Dabei konnten Folienchips mit einer Dicke von insgesamt 120-150 µm erzeugt werden, daraus ergibt sich bei einem 50 µm tiefen Kanal ein Abstand von 70 bis 100 µm zu dem Detektor (siehe Abb. 4-12 C). In Abb. 4-12 B ist die erste Polymerschicht eines mehrlagigen Chips im Detektionsbereich schematisch gezeigt, die nach Chipdesign 1 (Abb. 4-2) aus einem Trennkanal besteht. Die ideale Dicke von 100 µm für den Folienchip und 50 µm Abstand zu dem Detektor konnte mit Abweichungen im Material von 8 µm erreicht werden.

4.3.3 Verbindungstechnik: Thermisches Bonden in drei Lagen

Als nächster wichtiger Fertigungsschritt für die Herstellung von mehrlagigen CE-Chips ist das thermische Bondverfahren zu betrachten. Diese Art Verbindungstechnik wurde am IMT (Institut für Mikrostrukturtechnik, KIT) zum Bonden von verschiedenen mikrofluidischen Analysesystemen erforscht und ist für solche Prozesse gut etabliert. Eine Vielzahl von wissenschaftlichen Arbeiten [25, 111, 118, 119] beschreibt diese Verbindungstechnik als gut geeignet zur klebstoff- und lösungsmittelfreien Deckelung von mikrostrukturierten Bauteilen wie z. B. Mikrosysteme mit integrierten weichmagnetischen Strukturen [120] oder polymere mikrofluidische Systeme mit integrierten Wellenleitern [110].

In dieser Arbeit wurde ein thermisches Verbindungsverfahren zum Bonden von mehrlagigen CE-Strukturen mit integrierter Membran entwickelt. Die Bondparameter für die Materialien PC, COC und PEEK wurden soweit optimiert, dass eine auf Dauer dichte und zuverlässige Verbindung zwischen den strukturierten Schichten ohne Kanaldeformationen entstand (vergleiche Kapitel 4.3.3.3).

4.3.3.1   Zugversuche mit Polycarbonat-Folien

Bei den Untersuchungen von Haftkräften und Verbindungsfestigkeiten werden Scher- oder Zugversuche eingesetzt. Im Rahmen dieser Arbeit wurden axiale Zugversuche zum Test von entstandenen Polymerverbindungen durchgeführt. Bei einem axialen Abreißversuch werden die Proben durch Zugkräfte parallel zur Verbundfläche bis zum Bruch belastet. Die Proben definierter Geometrie werden zwischen die Backen einer Zugprüfmaschine gespannt und anschließend unter einachsiger Belastung bis zur Auflösung der Kunststoffverbindung verformt. Die Zugkraft F wird dabei als Funktion der Längenänderung ΔL, beschrieben in Formel 4.1, aufgezeichnet.

$$\Delta L = L - L_0 \tag{4.1}$$

L_0 Ausgangsmesslänge

L jeweilige Messlänge

ΔL Längenänderung

Die Zugfestigkeit R_m ist die Spannung, die im Augenblick des Reißens aus der maximal gemessenen Zugkraft bezogen auf den Probenquerschnitt errechnet wird [121]. Diese wird aus der Gleichung 4.2 bestimmt:

$$R_m = \frac{F_{max}}{S_0} \tag{4.2}$$

F_{max} maximal gemessene Zugkraft

S_0 Ausgangsquerschnitt

Zur Überprüfung der Verbindungsfestigkeit wurden Zugversuche von gebondeten Proben aus PC mit einer Universalprüfmaschine vom Typ Instron 4505 (Instron GmbH, Darmstadt, Deutschland) am IMT durchgeführt. Es wurde untersucht, welchen Einfluss die Oberflächenplasmabehandlung des Polymers auf die Bondfestigkeit der thermisch gebondeten PC Proben hat.

Alle Zugproben aus PC mit einer Bondfläche von 400 mm^2 wurden bei exakt gleichen Parametern (Temperatur, Druck, Zeit) gebondet. Die Prozessparameter sind: Bondtemperatur - T_B = 138 °C; Bonddruck - p_B = 3,6 N/mm^2, Bondzeit - t_B = 5 min. Die vorbereiteten Proben wurden anschließend zwischen zwei Probenhalter aus Kupfer, die so genannten Zugprüfzylinder, mit einem Klebstoff vom Typ DELO-CA$^®$ 2153 (DELO Industrie Klebstoffe, Landsberg, Deutschland) aufgeklebt. Eine gute Klebeverbindung zwischen Probe und Probenhalter wurde erreicht, indem alle Klebeoberflächen, sowohl die der Polymerprobe als auch die des Zugprüfzylinders, durch Sandstrahlen mit Edelkorund (60-120 μm) aufgeraut wurden. Dies führte dazu, dass beim Ziehen der Proben kein Bruch in der Klebefläche zwischen Kunststoffprobe und Kupferprüfzylinder sondern in der Bondfläche des Polymers stattfand. Dadurch kann eine nahezu realistische Aussage über die Verbindungsfestigkeit gemacht werden.

Die Plasmavorbehandlung der PC-Proben mit Argon-, Sauerstoff- und Stickstoffgas fanden am Institut für Biologische Grenzflächen (IBG, KIT) in einer Plasmaanlage vom Typ AMR 80 (Plasma Technology, Bristol, UK) statt. Folgende Prozessparameter wurden verwendet: Prozessdruck: 0,3 mbar (200 mTorr); Generatorleistung: 240 W; Gasfluss: 50 sccm und Prozesszeit: 10 Minuten. Die UV-Bestrahlung der Proben erfolgte 40 min mit einer Leistung von 1 mW/cm^2 bei 240 nm Wellenlänge.

Eine Oberflächenbehandlung oder eine Beschichtung im Plasma ermöglicht die Optimierung der Oberflächeneigenschaften eines Polymers. Dadurch werden die Benetzungs- und Adhäsionseigenschaften an der Oberfläche eines Kunststoffs verbessert ohne beispielsweise seine Volumeneigenschaften zu beeinträchtigen. Durch Plasma modifizierte Oberflächen sorgen für eine

Festigkeitssteigerung oder eine Erhöhung der thermischen Leitfähigkeit eines Polymers [122]. Sauerstoff- und Stickstoffgase werden meistens zur chemischen Modifizierung der Oberfläche angewendet. Das Edelgas Argon wird eher zur physikalischen Modifizierung eingesetzt.

Die aus den maximal gemessen Zugkräften berechnete Zugfestigkeit ist in Abb. 4-13 dargestellt. Infolge von Kettenbrüchen und daraus resultierende Reduzierung des Molekulargewichts des Polymers an der Oberfläche durch eine Plasmavorbehandlung ist eine erhöhte Festigkeit bei den vorbehandelten Proben zu erwarten. Die ermittelten Zugfestigkeiten bei den vorbehandelten Proben zeigten hingegen eine geringere Verbindung im Vergleich zu unbehandelten Proben. Der berechnete Mittelwert bei den unbehandelten PC-Proben wurde auf 8 N/mm^2 ermittelt. Bei den mit Sauerstoff vorbehandelten Proben wurde im Unterschied hingegen einen Mittelwert von 4,2 N/mm^2 berechnet.

Zugversuche von PC (Bondfläche 400 mm^2)

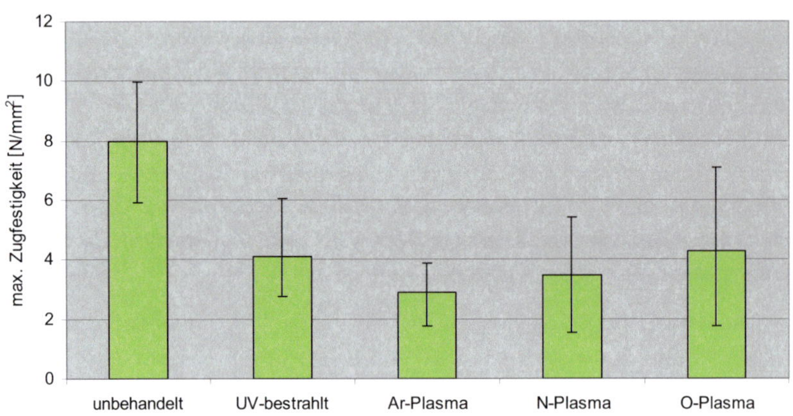

Abb. 4-13   Einfluss von Oberflächenbehandlungen auf thermisch gebondeter PC-Proben (Bonddruck: 3,6 N/mm^2, Bondtemperatur: 138 °C, Bondzeit: 5 min für alle Proben)

In [123] werden die Modifizierungseffekte vom PC bei einer Plasmabehandlung mit Sauerstoff und Argon untersucht. Die berichteten Ergebnisse führen zu keiner wesentlichen Haftfestigkeitssteigerung bei plasmavorbehandelten PC-Proben, was ebenfalls die im Rahmen dieser Arbeit gewonnenen Ergebnisse bestätigt. Eine Begründung für diese Resultate könnte in der Struktur des Polymers liegen. Während einer Plasma-Vorbehandlung können die COO-Gruppen in der Polymerkette vom PC abgespalten werden und dadurch Primärradikale entstehen, die keine feste Bindung zur Polymermatrix haben. Somit bildet sich eine schwach gebundene Grenzschicht, die zu einer mangelhaften Modifizierungseffektivität bei PC führt [123].

Infolge der oben resultierenden Ergebnisse wurden alle in dieser Arbeit gebondeten mehrlagigen PC-Chips mit integrierter nanoporösen Membran ohne Plasmabehandlung gefertigt. Dies erwies sich insofern als vorteilhaft, als dass dadurch ein zusätzlicher Arbeitsprozess bei der Herstellung von mehrlagigen CE-Chips entfiel.

Die einzelnen Aufbau- und Verbindungsschritte der mehrlagigen CE-Strukturen mittels thermischem Bondverfahren werden folgend in Kapitel 4.3.3.2 ausführlich beschrieben.

4.3.3.2 Aufbau- und Verbindungsprinzip des mehrlagigen Fluidsystems

Alle direkt gefrästen und abgeformten CE-Chips wurden nach dem in Abb. 4-14 dargestellten Aufbau durch thermisches Bonden miteinander verbunden. Die Bondparameter (Temperatur, Druck, Zeit) wurden für die Polymere PC und COC optimiert, so dass die mehrkanaligen Teststrukturen in ein, zwei- bzw. drei Lagen einwandfrei gefertigt werden konnten. Dieses Verbindungsverfahren hat den großen Vorteil lösungsmittelfrei und ohne jegliche Klebstoffe zu erfolgen und ist deswegen für die Herstellung von CE-Strukturen besonders gut geeignet.

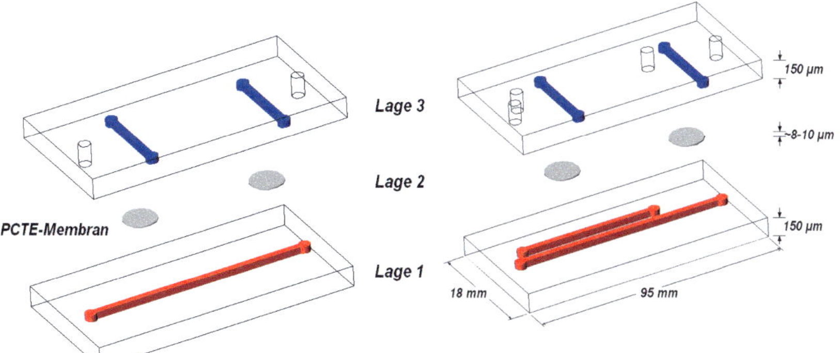

Abb. 4-14 Aufbau eines dreilagigen abgeformten CE-Chips aus PC und COC nach Design 1 (links) und Design 2 (rechts)

Die identische Größe der einzelnen Schichten ermöglicht es, das Multikanalsystem beim Zusammenlegen genau positionieren zu können. Die auf Maß geschnittene PCTE-Membran wurde über markierte Punkte genau am Kanalkreuzungsbereich eingebracht.

Für die Durchführung der thermischen Bondprozesse kam eine Bürkle Presse, Modell LAT 6.0 (Bürkle Process Technologies, Freudenstadt / Abb. 4-15) zum Einsatz. Rechts auf dem Bild befindet sich die Maschinensteuerung der Anlage, links ist der geöffnete Werkzeugschacht (1) in der Abb. 4-15 gezeigt. Das Pneumatiksystem (2) besteht aus einem Pneumatikzylinder, einen beweglichen Presstisch und den beiden Heiz-/Kühlplatten. Dieser Teil der Anlage erzeugt den notwendigen Pressdruck für den Bondprozess, wobei eine Pneumatiksteuerung den eingestellten Druck im System konstant hält. Im Pneumatikschrank (4) sind die für die Pneumatiksteuerung notwendigen Einrichtungen eingebaut. Der Schaltschrank (3) als dritte Komponente dient zur elektrischen Steuerung der Anlage. Er wird in Temperaturregeleinheit, Druckanzeige, Zeitrelais und Bedienfeld für die Kühlung unterteilt. Während des Bondprozesses werden sowie die angegeben Soll- und die Istwerte der Bondtemperatur als auch der Bonddruck automatisch gesteuert und kontrolliert.

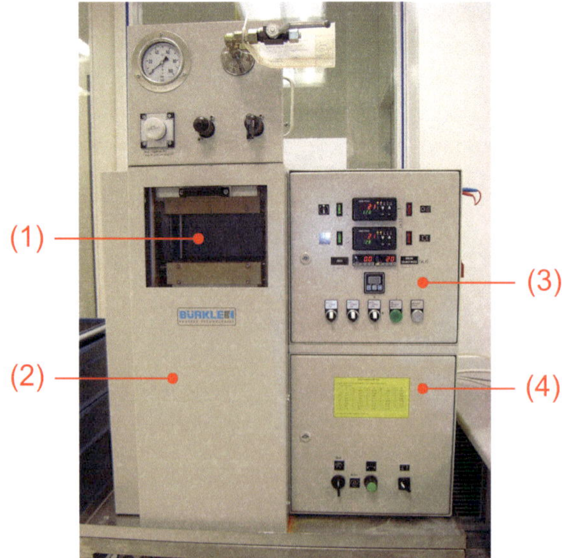

Abb. 4-15   Bondanlage der Firma Bürkle, Modell LAT 6.0, (1) Werkzeugschacht
mit unterer und oberer Heizplatte, (2) Pneumatiksystem,
(3) Schaltschrank, (4) Pneumatikschrank

Diese pneumatisch betriebene Anlage eignet sich für die Verpressung von flächigen Pressmaterialien unter Temperatur und Druck und ist speziell für Material- und Fließtestversuche entwickelt worden. Im Bereich der Herstellung kleinflächiger mikrofluidischer Bauteile u. a. speziell bei der Deckelung von Kapillarelektrophorese-Chips aus den verschiedenen Polymeren PMMA, PC, COC, PS, PEEK wurden die Prozessparameter für diese Presse entwickelt und optimiert [111, 124].

Der Versuchsaufbau bei einem thermischen Bondverfahren eines dreilagigen Folienchips erfolgt wie in Abb. 4-16 dargestellt. Der ganze Prozess findet im Werkzeugschacht der Bondanlage (siehe Abb. 4-15 (1)) statt. Dort befinden sich die untere und obere Heizplatte, gekennzeichnet in Abb. 4-16 mit (1). Für eine gleichmäßige Druck- bzw. Kraftverteilung auf die Probenfläche wird hierbei eine Kautschukeinlage (2) verwendet. Damit die Kautschukeinlage bei dem hohen Pressdruck haften und nicht platt gedrückt werden kann, wird eine dünne Stahlfolie (3) aufgelegt. Die mikrostrukturierten Folienchips (5) mit den exakt positionierten PCTE-Membranen (6) werden zwischen zwei Polypropylenfolien (4) gelegt, um eine glatte und transparente Oberfläche der gebondeten CE-Chips zu erhalten. Die Verwendung einer zusätzlichen Stahlfolie (3) auf der Polypropylenfolie (4) verhindert eine Abbildung der rauen Heizplattentextur auf der Polymerstruktur.

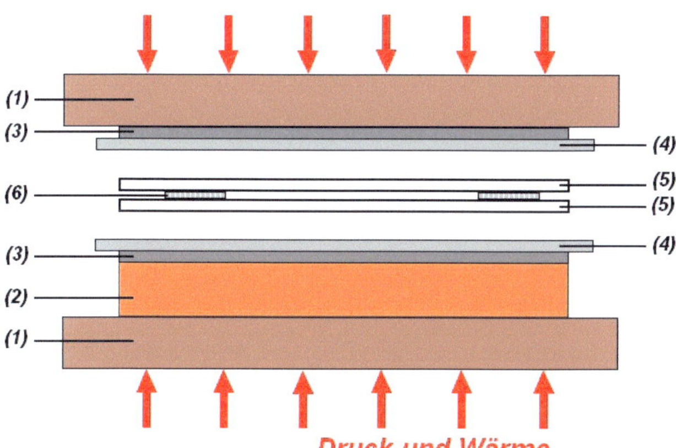

Abb. 4-16   Versuchsaufbau beim thermischen Bonden eines dreilagigen Folienchips, (1) Heizplatten, (2) Kautschukeinlage – 5 mm dick, (3) Stahlfolie – 0,5 mm dick, (4) Polypropylenfolie – 0,1 mm dick, (5) mikrostrukturierte Polymerfolie – 0,16 mm dick, (6) PCTE-Membran – 0,008 mm dick

Beim Bonden von mehrlagigen CE-Chips mit integrierter PCTE-Membran ist zu beachten, dass:

- die einzelnen mikrostrukturierten Schichten der Folienchips exakt zueinander positioniert sind,

- die integrierte nanoporöse PCTE-Membran richtig in der Membrantasche zwischen den Mikrokanälen sitzt und beim Versuchsaufbau nicht seitlich verrutscht,

- die optimierten Bondparameter (Temperatur, Druck, Zeit) ausreichend für eine dauerhafte Verbindung der einzelnen Lagen sind, dabei aber die Membranporen und die Kanalgeometrie nicht zerstören.

4.3.3.3   Bondergebnisse

Ermittlung der Bondparameter

Die Ermittlung der Bondparameter ist von entscheidender Bedeutung für das Verbinden der einzelnen strukturierten Lagen in einem polymeren CE-Chip. Für die Versuchsdurchführung in der Anlage Bürkle sollte eine zusätzliche Umrechnung durchgeführt werden. Nach der Formel 4.3 wurde der Bonddruck p_B in den Kolbendruck p_K umgerechnet und als eigentlicher Presssolldruck bestimmt.

$$p_K = p_B \frac{A_B}{A_K} \tag{4.3}$$

Aus Formel 4.3 resultiert Formel 4.4, worin die Formel für die Berechnung der Kolbenfläche A_K des Pneumatikkolbens der Anlage eingesetzt wird.

$$p_K = p_B \frac{A_B}{\frac{\pi}{4} d_K^2} \tag{4.4}$$

Aus Formel 4.4 wurde mit den unten vorgegebenen Größen den notwendigen Kolbendruck bzw. den Solldruckwert für das Bonden eines mehrlagigen CE-Chips berechnet:

- Bondfläche: $\qquad A_B = 1710 \text{ mm}^2$ (95 mm x 18 mm) - gleich für alle Chips

- Bonddruck: p_B = 5,6 N/mm^2 bei PC und COC; p_B = 3,7 N/mm^2 bei PEEK

- Kolbendurchmesser: d_K = 320 mm

- Kolbenfläche: A_K = 80384 mm^2

- Kolbendruck: p_K = 0,12 N/mm^2 bei PC und COC; p_K = 0,08 N/mm^2 bei PEEK

Die Tab. 4-1 zeigt die ermittelten Prozessparameter beim thermischen Bonden mehrlagiger CE-Chips aus den verschiedenen Materialien PC, COC und PEEK. Während der durchgeführten Bondversuchsreihen wurden die Temperatur-, Druck- und Zeitwerte variiert, für den entsprechenden Polymertyp angepasst und optimiert.

Bei dem PC-Typ Makrofol® DE 6-2 lagen die Bondtemperaturwerte zwischen 138 °C und 148 °C und die Bonddruckwerte zwischen 3,7 und 6,5 N/mm^2. Bei einer Temperatur von 138 °C waren die Proben nicht ausreichend gebondet, bei 148 °C war die PCTE-Membran zum Teil in die Mikrokanäle verschmolzen. Laut Hersteller liegt die maximale Wärmebeständigkeit der Membran bei 140 °C. Bei Drücken von 6,5 N/mm^2 waren die Mikrokanäle leicht deformiert.

Aufgrund der für die angestrebte Anwendung vorteilhaften Eigenschaften von COC wurde im Rahmen dieser Arbeit eine Verbindung zwischen COC-PC-COC Schichten entwickelt. Zum ersten Mal wurde getestet, ob sich die PCTE-Membran zwischen zwei strukturierten Schichten aus COC vom Typ Zeonor® bonden lässt. Aufgrund der ähnlichen Eigenschaften beider amorphen Polymere wurden Versuche zum thermischen Bonden durchgeführt. Gebondet wurde dabei bei einer Bondtemperatur von 130 °C, die 8 °C unterhalb der T_G von COC und 18 °C unterhalb der T_G von PC liegt.

Das Bonden im Bereich nahe der Glasübergangstemperatur der verwendeten Polymere erwies sich als unkritisch für die Kanalgeometrie. Die Poren der integrierten nanoporösen Membran waren bei den genannten Parametern durchlässig.

Bei doppelseitig laserstrukturierten PEEK-Chips (siehe hierzu Kapitel 4.4.2) wurden die Temperaturwerte zum plasmaunterstützten Thermobonden von PEEK-CE-Chips aus früheren Arbeiten [125] entnommen. Die Druck- und Zeitwerte wurden bei den durchgeführten Bondversuchen variiert. Die besten

Ergebnisse wurden bei einem Bonddruck von 3,7 N/mm^2 und einer Bondzeit von 10 min erzielt.

Polymertyp	Chipdicke [μm]	Glasübergangs-temperatur T_G [°C]	Bondtemperatur T_B [°C]	Bonddruck [N/mm^2]	Bonddauer [min]
[1]PC-Makrofol® DE 6-2	320	148	140	5,6	5
[2]COC-Zeonor® Film ZF 14-188	260	138	130	5,6	5
[3]PEEK Lite TK®	200	334	250	3,7	10

[1] *Bayer MaterialScience AG (Leverkusen, Deutschland)*

[2] *Zeon Europe GmbH (Düsseldorf, Deutschland)*

[3] *Lipp-Terler GmbH (Gaflenz, Österreich)*

Tab. 4-1   Ermittelte Bondparameter beim thermischen Bonden mehrlagiger Polymerchips

Abb. 4-17 zeigt die Querschnitte eines thermisch gebondeten zweilagigen (links) bzw. dreilagigen Folienchips aus Polycarbonat (rechts). Die Querschnitte wurden bei einem Scheidwinkel von 45° möglichst nah am Kanalkreuzungsbereich durchgeführt. Der untere Kanal bildet den in der ersten Lage strukturierten Separationskanal ab. Der obere Kanal entspricht dem in der zweiten Lage strukturierten Injektionskanal. Bei der zweilagigen Struktur ohne integrierte Membran ist die Verbindung zwischen den Schichten so gut gelungen, dass die Grenzschicht der beiden Polymerlagen kaum zu unterscheiden ist. Die punktierte Linie in Abb. 4-17 links zeigt die imaginäre Darstellung dieser Grenzschicht. Bei dem dreilagigen CE-Chip mit der eingebauten Membran wird eine gute homogene Bondverbindung erreicht (vergleiche Abb. 4-14). Ausgeschlossen bleibt eine Stelle mit abgelöster Membran (Abb. 4-17 rechts), welche bei der Präparation der Querschnittsprobe für die REM-Aufnahmen erfolgte und somit nicht als negatives Bondergebnis zu betrachten ist.

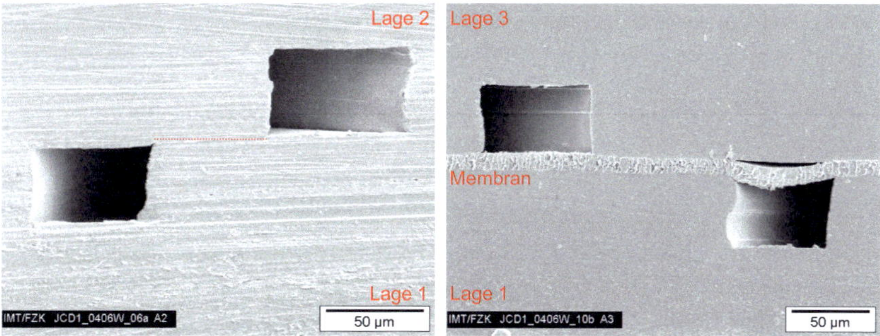

Abb. 4-17 Querschnitte nah am Kanalkreuz thermisch gebondeter CE-Chips; zweilagige (links) und dreilagige (rechts), Schneidwinkel 45°

Die Vergrößerung des Querschnitts eines thermisch gebondeten Separationskanals wird in Abb. 4-18 gezeigt. Links auf dem Bild wird die integrierte Membran als poröse Decke des Trennkanals dargestellt. Auf der Vergrößerung der Membranoberfläche (Abb. 4-18 rechts) beobachtet man, dass die Poren der Membran nach dem Bonden im Bereich nahe der Glasübergangstemperatur immer noch frei und durchgängig sind.

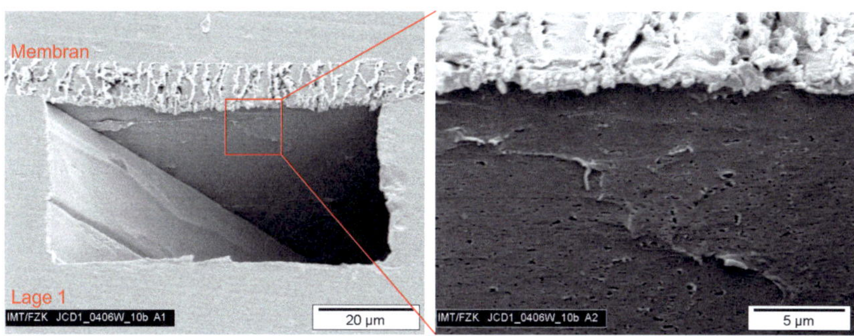

Abb. 4-18 Kanalquerschnitt eines gebondeten mehrlagigen Chips mit nanoporöser Membran mit Porengröße von 200 nm, Schneidwinkel 45°

Befüllungstests

Zur Überprüfung der Dichtigkeit der aufgebauten Verbindung zwischen den Schichten wurden Befüllungsversuche mit dem Farbstoff Methylenblau durchgeführt. Dieser Farbstoff wird in der analytischen Chemie, Medizin und Färbetechnik verwendet. Er löst sich in Wasser gut mit intensiver blauer

Farbe. Bei der Gelelektrophorese wird das Methylenblau beispielsweise zum Färben von DNA und RNA in Gelen und auf Membranen eingesetzt [126].

Nach der Befüllung der mehrlagigen Mikrostruktur mit dem Farbstoff konnten die unvollständig gebondeten Stellen schnell und eindeutig erkannt werden. Ausschlaggebend für eine gute Verbindung ist die erreichte Dichtigkeit im Kanalkreuzungs- und Membranbereich. Dies bedeutet, dass sich der Farbstoff nicht seitlich der Kanäle ausbreiten darf. Abb. 4-19 demonstriert zwei Beispiele einer undichten Bondverbindung zwischen den Mikrokanälen und der nano-porösen Membran. Die roten Pfeile kennzeichnen die Verbreitungsrichtung des Fluidstroms im Falle eines unvollständigen Bondergebnisses. Die dunklen Bereichen im Kanalkreuz (siehe Abb. 4-19 links) bilden eine seitliche Verbreitung der Methylblauflüssigkeit durch die Membran ab. Bei der Durch-führung einer elektrophoretischen Messung mit solch einem im Kanalkreuz unvollständig gebondeten CE-Chip würde sich das Injektionsvolumen der Analytprobe bei jedem neuen Injektionsvorgang verändern, da sich ein Teil der injizierten Probe immer durch die Membran verbreitet. Diese Tatsache würde sich negativ auf die Reproduzierbarkeit der Messungen auswirken.

Bei einer unvollständig gebondeten Membran am Rande (siehe Abb. 4-19 rechts) tritt die gefärbte Flüssigkeit aus dem Kanal heraus (siehe die roten Pfeile) und fließt seitlich entlang des Membranrandes. In diesem Fall hat sich nach dem thermischen Verbinden eine ungebondete Luftspalte zwischen der PCTE-Membran und den beiden mikrostrukturierten Schichten gebildet, die sich schnell mit Farbstoff befüllen lässt. Bei einer CE-Messung mit solch einem am Membrande unvollständig gebondeten Chip würde sich eine Doppelinjektion derselben Analytprobe ergeben. Dies würde bedeuten, dass zwei Injektionsvorgänge gleichzeitig stattfinden würden, einer im Kanalkreuz und einer am ungebondeten Membranrand. Als Folge dessen würden bei den entstandenen Elektropherogrammen doppelte Peaks für dieselbe Analytprobe auftreten, was nicht akzeptabel wird.

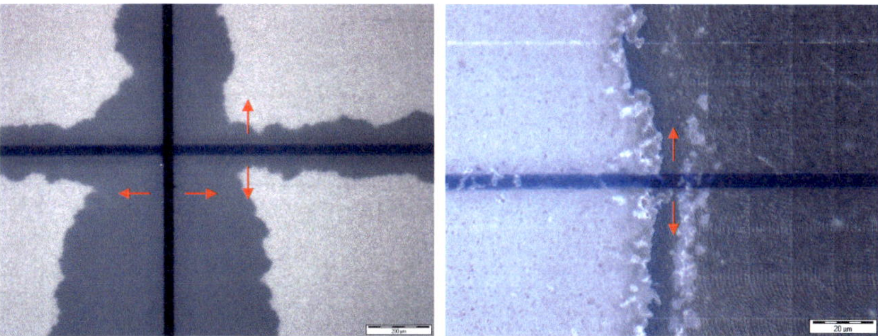

Abb. 4-19 Unvollständig gebondete Membran im Kanalkreuz (links) und am Membranrand (rechts). Die roten Pfeile zeigen eine unerwünschte Verbreitungsrichtung des Fluidstroms.

Diese Erstergebnisse führten zu den Überlegungen, die PCTE-Membran in eine speziell eingearbeitete Tasche einzubetten. Solche mehrlagige CE-Chips mit eingebetter Membran werden in den unteren Abbildungen dargestellt.

Abb. 4-20 A zeigt einen thermisch gebondeten dreilagigen CE-Chip mit dem Kanalkreuz und integrierter nanoporösen Membran (B) und die befüllten Mikrokanäle (C). Leckagefreie Verbindungen konnten zwischen strukturierten PC und PC bzw. PC und COC Schichten erreicht werden.

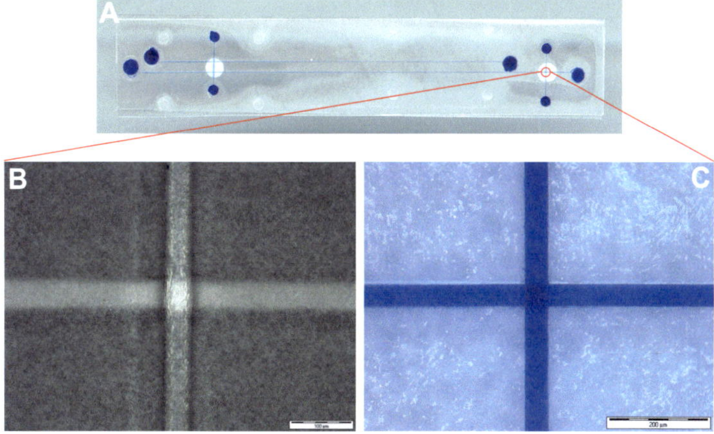

Abb. 4-20 **A**: Befüllungstest eines thermisch gebondeten PC-Chips nach Design 2; **B**: Im Kanalkreuzungsbereich; **C**: Zum Vergleich mit vollständiger Befüllung (Kanalquerschnitt 50 x 50 μm^2)

Mit den COC-PC-COC Chips wurde im Rahmen dieser Arbeit getestet, ob eine Verbindung zwischen zwei strukturierten Schichten aus COC und der Membran aus PC möglich ist (siehe Tab. 4-1). Die Befüllungstests mit dem Farbstoff Methylenblau zeigen, dass eine gelungene Bondverbindung zwischen den beiden Polymeren entstanden ist (Abb. 4-21 A unbefüllt). Der befüllte obere Kanal und der leere untere Kanal auf dem Bild B sind ein Beweis dafür, dass die Membran sehr gut als diffusionshemmende Schicht dienen kann.

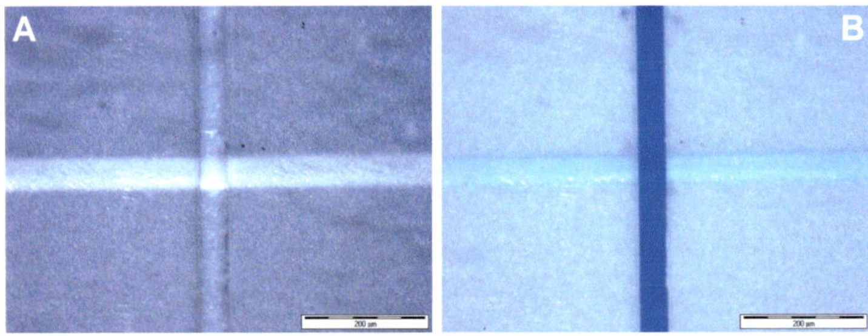

Abb. 4-21   **A**: Kanalkreuzungsbereich eines dreilagigen COC-PC-COC Chips; **B**: Zum Vergleich - oberer Kanal befüllt, unterer Kanal nicht befüllt (Kanalquerschnitt 50 x 50 µm^2)

Ein nach Design 3 gefertigter mehrlagiger CE-Chip wird in Abb. 4-22 A gezeigt. Die Bilder B und C zeigen eine Vergrößerung des Kreuzungsbereichs zwischen den zwei Trennkanälen, wobei B ein unbefülltes und C ein vollständig befülltes Kanalkreuz entspricht.

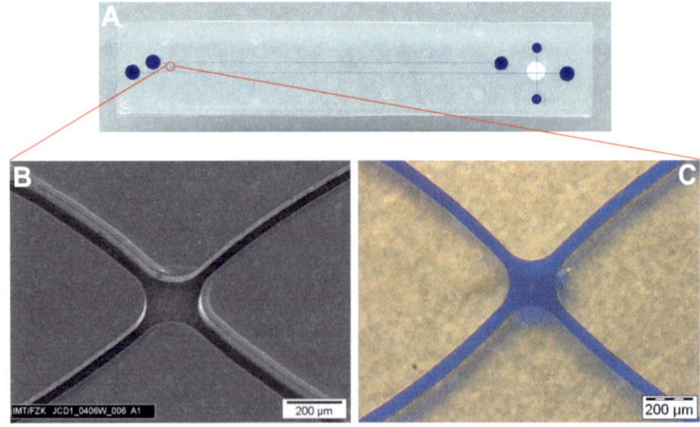

Abb. 4-22   **A**: Befüllungstest eines thermisch gebondeten PC-Chips nach Design 3; **B**: Im Kanalkreuzungsbereich; **C**: Zum Vergleich mit vollständiger Befüllung (Kanalquerschnitt 50 x 50 µm^2).

Leckagefreie Befüllungsversuche konnten somit sowohl im Injektionskreuzungsbereich mit der Membran als auch an den Kreuzungsstellen der Separationskanäle mit den dreilagigen CE-Chips demonstriert werden. Diese Ergebnisse beweisen gelungene Bondversuche der mehrlagigen CE-Strukturen.

4.4 CE-Folienchips ohne integrierte Membran auf PEEK-Basis

4.4.1 Thermoformen

Folienchips aus PEEK durch Thermoformen

Da PEEK sich auf Grund der sehr guten Materialeigenschaften, wie z. B. einer hohen thermischen Stabilität, einer hohen Biokompatibilität, der chemischen Beständigkeit und einer hohen elektrischen Durchschlagfeldstärke für eine hochempfindliche CCD-Detektion eignet, wurde in dieser Arbeit untersucht, ob mehrlagige CE-Chips auch in PEEK hergestellt werden können. Von früheren am IMT durchgeführten Arbeiten ist bekannt, dass bei der Abformung von hochtemperaturbeständigem PEEK (Schmelzpunkt 334 °C) durch Adhäsion zwischen Polymerschmelze und Werkzeug hohe Entformkräfte entstehen und somit der Formeinsatz schnell beschädigt werden kann [25]. Zur Reduzierung der Adhäsion bzw. der Entformkräfte wurde der eingesetzte Formeinsatz mit 500 nm Wolframdisulfid beschichtet. Der Formeinsatz zeigte im Verlauf der Abformungen keine Verschleißerscheinungen. Um dünne Restschichten zu erzeugen, muss das Werkzeug in 50 und 100 µm dicken Folien abgeformt werden. Die geforderten dünnen Restschichten konnten jedoch aufgrund der nicht ausreichenden Ebenheit zwischen Werkzeug und Substratplatte nicht erfolgreich realisiert werden. Um diese Unebenheit auszugleichen, wurde ein Zweischicht-Verfahren angewandt [100].

Dieses Zweischicht-Prägeverfahren hat sich als optimal für die Strukturierung von Kanälen in dünnen PEEK-Folien (Typ Lite TK der Firma LippTerler) herausgestellt. Ein Sandwich aus einer dicken Schicht eines niedrigschmelzenden Polymers (in diesem Fall 500 µm dicken PMMA) und einer dünnen Schicht PEEK (50 µm bzw. 100 µm dick) bildet die Grundlage des Zweischichtverfahrens. Der Prägedruck wird über die Schmelze des PMMA auf die dünne PEEK-Folie übertragen, dabei werden die Unebenheiten zwischen Werkzeug und Substratplatte ausgeglichen. Mit Hilfe des Formeinsatzes werden dann die Kanäle mit einem Querschnitt von 50 x 50 µm^2 in die 50 µm bzw. 100 µm starke PEEK-Folie thermogeformt. Die Strukturierung erfolgt gegenüber dem konventionellen Heißprägen von PEEK bei deutlich geringen Temperaturen. Die Prägetemperatur lag mit ca. 180 °C oberhalb der Glasübergangstemperatur von PEEK (Tg = 143 °C) und deutlich unterhalb der Schmelztemperatur (334 °C) des teilkristallinen Polymers.

Aufgrund des Zweischichtverfahrens wird die Rückseite der geprägten PEEK-Folie ebenfalls strukturiert, die Geometrie des Kanals wird auch auf der Rückseite abgebildet. Abb. 4-23 zeigt die Vorder- und Rückseite der thermogeformten Mikrokanäle in PEEK.

Durchgeführte Messungen in dieser Arbeit ergaben, dass die 50 µm tiefen Kanäle bei einer 50 µm dicken Folie ca. 40 µm bzw. bei einer 100 µm dicken Folie ca. 20 µm aus der Rückseite herausragen (Abb. 4-23).

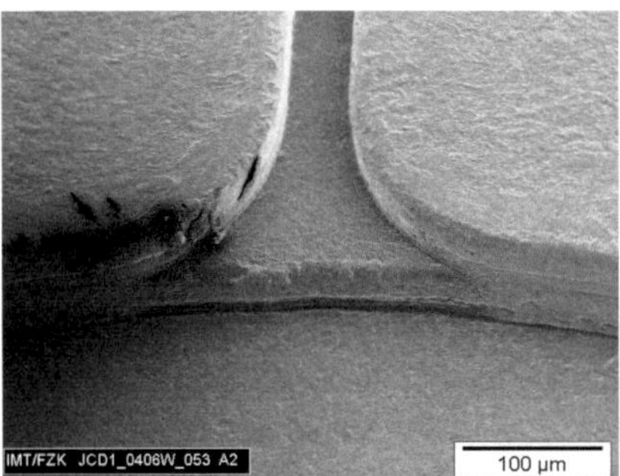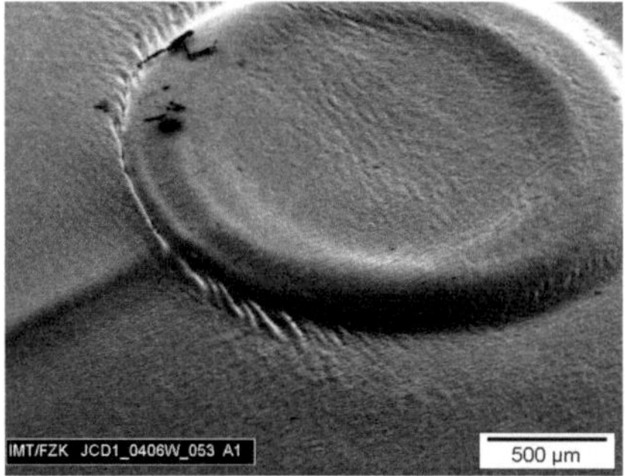

Abb. 4-23 Thermogeformte Kanäle mit 50 x 50 µm^2 Querschnitt in 100 µm dicke PEEK-Folie (links: Sicht der Vorderseite; rechts: Sicht der Rückseite)

Es wurde eine Reihe von Versuchen zum Bonden der dünnen Folienchips aus PEEK (z. B. 100 µm dünn) durchgeführt. Die Proben wurden mittels Plasmaunterstütztem thermischen Bondverfahren nach dem in Abb. 4-14 gezeigten Aufbau gebondet. Dabei ist zu beachten, dass die herausragende Kanalstruktur nach dem Zusammenfügen nicht deformiert wird und somit die Kanalgeometrie erhalten bleibt. Die Bondergebnisse haben eine deutliche Deformation der Mikrokanäle gezeigt (Abb. 4-24 links). Dies führte zu einer kompletten Unterbrechung der Kanalverbindung an bestimmte Stellen entlang der Kanalgeometrie (Abb. 4-24 rechts).

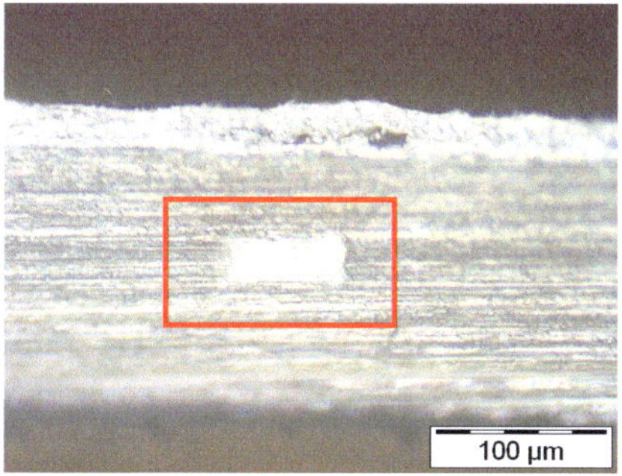 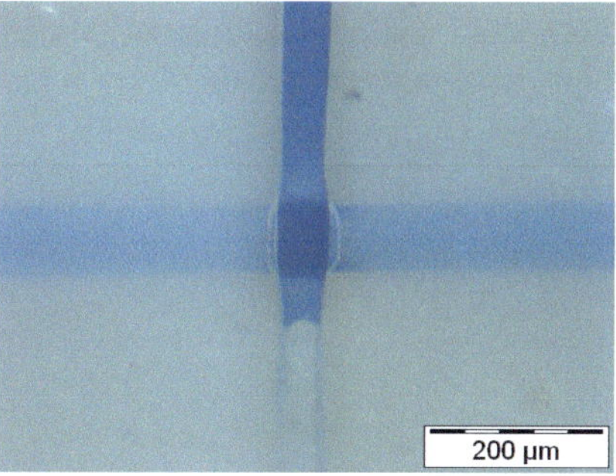

Abb. 4-24 Lichtmikroskopaufnahme des Querschnitts eines thermogeformten Trennkanals (links), Befüllungstest im Kanalkreuzungsbereich eines thermisch gebondeten PEEK-Chips mit einer Gesamtdicke von 200 µm (rechts)

Weitere Alternativen zur Fertigung von dünnen mehrlagigen CE-Chips aus PEEK wurden studiert und nachfolgend beschrieben.

4.4.2 Lasermikrostrukturierung

Erste Prototypen von doppelseitig laserstrukturierten Folienchips aus PEEK

In Zusammenarbeit mit der Arbeitsgruppe Lasermaterialbearbeitung vom Institut für Materialforschung (IMF-I, KIT) wurden zum ersten Mal doppelseitig laserstrukturierten Folienchips aus PEEK gefertigt. Die Strukturen wurden nach Design 2 (siehe Abb. 4-2 links/ Kapitel 4.1) generiert. Bei der PEEK-Strukturierung wurde ein KrF-Excimer-Laser mit Wellenlänge 248 nm, Pulslänge 6 ns, Pulsfrequenz max. 500 Hz eingesetzt. Folgende Laserparameter wurden zur Strukturierung von PEEK verwendet: Energiedichte: 1-2 J/cm^2; Pulsfrequenz: 300-500 Hz; Abtragsrate pro Puls: 300-500 nm; Prozessgas: Helium.

In 100 µm dicken PEEK-Folien wurden beidseitig Mikrokanäle mit einem Querschnitt von 50 x 50 µm^2 laserstrukturiert. Die obere Seite der Folie enthält den Injektions- und Ausschleusekanal, die untere Seite die beiden Separationskanäle. Designbedingt kreuzen sich die Kanäle nur an drei Stellen auf dem Chip. Da 50 µm tiefe Kanäle beidseitig in eine 100 µm dicke Folie generiert wurden, konnten Kanalkreuzungen mit freiem Durchgang gefertigt werden (Abb. 4-25). Der Kanalkreuzungsbereich ist auf der REM-Aufnahme in

Abb. 4-25 links deutlich zu erkennen. Nach der REM-Aufnahme wurde von goldbesputterten Mikrokanälen ein Lichtmikroskopbild aufgenommen, bei dem der freie Durchgang im Kanalkreuz beider Ebenen genau zu unterscheiden ist (Abb. 4-25 rechts).

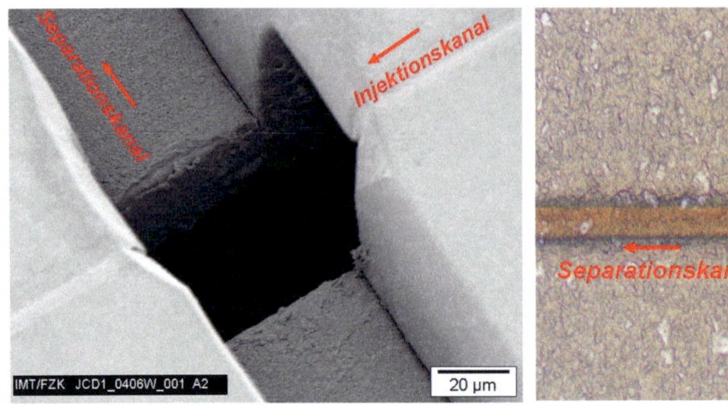

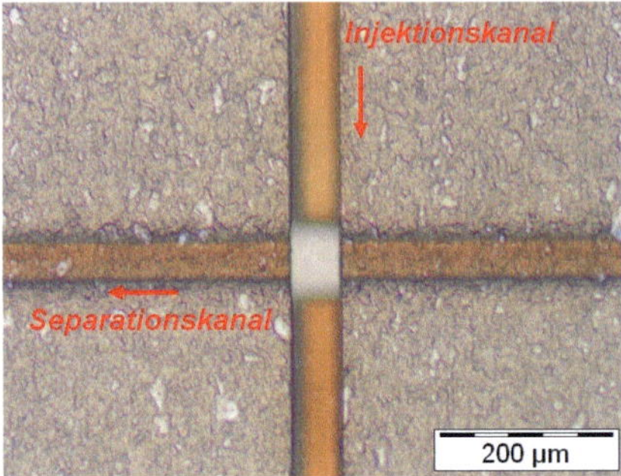

Abb. 4-25   REM-Aufnahme (links); lichtmikroskopische Aufnahme des Kanalkreuzes eines CE-Chips aus PEEK (rechts)

Der Vorteil bei diesem Aufbau ist, dass beim Bondprozess die exakte Positionierung der Kanäle der verschiedenen Ebenen zueinander entfällt. Allerdings ist bei dieser Konstruktion die Integration einer nanoporösen Membran nicht mehr möglich.

4.4.3 Verbindungstechnik: Plasmaunterstütztes Thermisches Bonden in drei Lagen

Bondversuche von 3-lagigen CE-Chips aus PEEK

PEEK lässt sich adhäsiv mittels Klebstoffen oder thermisch durch Ultraschall-, Rotationsreib- oder Heizelementschweißen bonden. Durch eine zusätzliche Oberflächenaktivierung von PEEK in Plasma vor dem Bondprozess wird eine höhere Verbundfestigkeit der gebondeten Flächen erreicht [89].

Zum Bonden von doppelseitig laserstrukturierten PEEK Chips konnten in dieser Arbeit erste Versuche durchgeführt werden. Die Proben wurden mittels Plasma unterstütztem Thermobondverfahren gebondet. Zum Bonden von PEEK CE-Chips hat sich diese Methode sehr gut bewährt [127]. Die Prozessparameter der bis jetzt verwendeten Plasmaanlage vom Typ AMR 80 (Plasma Technology, Bristol, UK) am Institut für Biologische Grenzflächen (IBG, KIT) zur Stickstoffvorbehandlung von PEEK, wurden auf eine andere Plasmaanlage

(Plasmaätzer 4-TEC Vakuum-Anlagenbau GmbH, Vierkirchen, Deutschland) am IMT übertragen. In der Tab. 4-2 sind die Prozessparameter der beiden Plasmaanlagen angegeben.

<u>Plasmaanlage vom Typ AMR 80</u>: Der Prozessdruck betrug 0,3 mbar (200 mTorr), die Generatorleistung 240 W, der Massenfluss des Prozessgases 50 sccm und die Prozesszeit 10 Minuten.

<u>Plasmaätzer 4-TEC</u>: Die Vorbehandlung des laserstrukturierten Chips erfolgte beidseitig. Die unstrukturierten Deckel und Boden wurden einseitig in der Plasmaanlage vorbehandelt. Die Oberfläche aller Teile wurde 15 min lang bei einer Leistung von 200 W und einem Prozessdruck von 0,4 mbar (300 mTorr) mit Stickstoff aktiviert.

Plasmaanlage Typ	Prozessparameter für die Vorbehandlung in Stickstoffplasma		
	Leistung [W]	Druck [mbar]	Zeit [min]
[1]AMR 80	240	0,3	10
[2]4-TEC	200	0,4	15

[1] *Plasma Technology (Bristol, England)*

[2] *4-TEC Vakuum-Anlagenbau GmbH (Vierkirchen, Deutschland)*

Tab. 4-2   Prozessparameter für die Stickstoffplasmavorbehandlung vor dem thermischen Bonden dreilagiger Polymerchips aus PEEK

Nach der erfolgten Stickstoffvorbehandlung wurden erste Versuche zum thermischen Bonden von dreilagigen PEEK Chips durchgeführt.

Früher durchgeführte Untersuchungen haben gezeigt, dass zweilagiges Bonden von PEEK gut funktionieren kann [124, 128]. Zum ersten Mal wurden in dieser Arbeit Versuche zum Bonden von drei Lagen aus PEEK in einem Bondschritt realisiert. Dabei sollte berücksichtigt werden, dass die Injektions- und die Separationskanäle beim Bonden nicht eingedrückt werden und der Kanalkreuzungsbereich nach dem Bonden frei und durchgängig bleibt. Der Versuchsaufbau beim Bondprozess verlief ähnlich wie in Kapitel 4.3.3.2 (vergleiche Abb. 4-16) beschrieben wurde. Die laserstrukturierte PEEK-Folie wurde direkt nach der Oberflächenaktivierung mit Stickstoff mit dem unstrukturierten Deckel von oben und dem Boden von unten als Sandwich zusammengelegt (siehe Abb. 4-26). Der Unterschied zu dem Versuchsaufbau bei den mehrlagigen PC-Chips ist hierbei, dass die zu bondenden PEEK-Folien zwischen zwei

PTFE-Folien gelegt wurden. Der Grund dafür ist, dass die Bondtemperatur bei PEEK etwa 250 °C beträgt und damit um 110 °C höher liegt als beim PC (T_B = 140 °C) ist. Die PTFE-Folien sind bei höheren Bondtemperaturen von bis zu max. 260 °C beständiger als die bis jetzt verwendeten PP-Folien. Die PP-Folien verschmelzen bei Prozesstemperaturen über 160 °C.

Bei den dreilagigen CE-Chips aus PEEK konnte eine dichte und zuverlässige Verbindung der Mikrokanäle mit der Boden- und der Deckelfolie erreicht werden. Folgende Bondparameter führten zu optimalen Bondergebnissen: Temperatur: 250 °C; Druck: 3,7 N/mm^2; Dauer: 10 min.

Der Chipaufbau und ein fertiger CE-Chip mit aufgesputterten Messelektroden sind in Abb. 4-26 gezeigt. Von Vorteil ist hierbei, dass man mit dem jetzigen Aufbau des Chips eine Bodendicke von 50 µm erzielt und der Abstand zum Detektor somit deutlich reduziert wird. Dadurch wird die Messempfindlichkeit der CCD-Messung erhöht (vergleiche Kapitel 5.4.1).

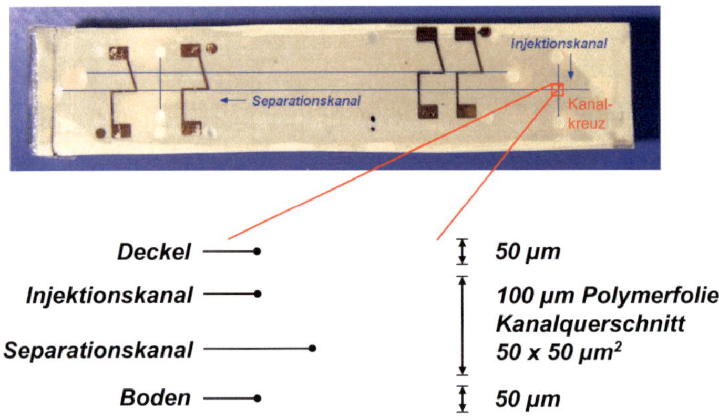

Abb. 4-26 Dreilagiger PEEK-Chip mit Kanalquerschnitt 50 µm x 50 µm

4.5 Aufbringen der CCD-Messelektroden durch Sputtern

Wie bereits im Kapitel 4.1 erwähnt wurde, sollen die aufgetrennten Testsubstanzen im mehrlagigen CE-System an zwei Stellen (siehe Kapitel 4.1, Abb. 4-2) hintereinander detektiert werden. Als Detektionsmethode soll die kontaktlose Leitfähigkeitsdetektion CCD eingesetzt werden. Diese Messtechnik hat den Vorteil, dass sie im Vergleich zu einer optischen Detektion labelfrei und unabhängig von den optischen Eigenschaften der Probe und

Messzelle funktionieren kann. Zur Durchführung der Leitfähigkeitsmessungen werden Messelektroden eingesetzt, die auf den fertigen Chip gesputtert werden. Dabei sind die Messelektroden durch eine dünne Polymerschicht vom Analyten getrennt (siehe Kapitel 4.3.2, Abb. 4-12). Somit wird eine Wechselwirkung zwischen Elektroden und Messmedium vermieden.

Das Aufbringen der CCD-Elektroden auf den Chip wurde mittels Sputtertechnik realisiert. Das Sputtern erfolgte in einer Plasmaanlage des Typs SCD 040 (Firma Balzers Union, Lichtenstein). Das verwendete Prozessgas war Argon, der eingesetzte Prozessdruck 0,05 bar. Die aufgesputterten Mikroelektroden wurden mit einer Beschichtungsrate von 6 nm/min (I = 15 mA) aufgebracht und haben eine Goldschichtdicke von etwa 500 nm. Bei der Auswahl des Materials für die Mikroelektroden waren die gute elektrische Leitfähigkeit und die Korrosionsbeständigkeit des Goldes ausschlaggebend.

Eine Schattenmaske mit für die CCD optimierter Elektrodengeometrie [25] wurde für den Sputterprozess eingesetzt (Abb. 4-27). Die dünne Schattenmaske aus Stahl wurde durch nasschemisches Ätzen bei der Firma Ätztechnik Herz GmbH (Epfendorf, Deutschland) gefertigt. Sie wird mittels Positionierungsstiften zum Kanal positioniert und dabei auf dem Chip befestigt.

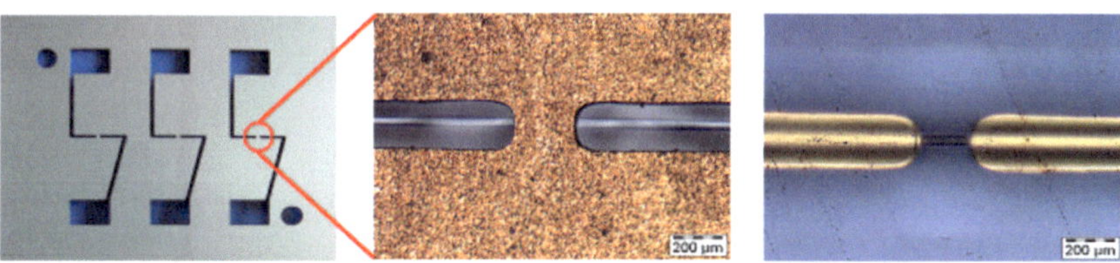

Abb. 4-27   Schattenmaske mit drei Elektrodenpaaren (links); montierte Schattenmaske auf dem Chip vor dem Sputtern (Mitte); gesputterte Gold-Elektrodenstrukturen exakt über dem Trennkanal angeordnet (rechts)

Der Chip mit der Maske wird in einen Maskenhalter (1) aus Edelstahl montiert und zum Sputtern in die Plasmaanlage gelegt (Abb. 4-28). Zu beachten ist hier die exakte Positionierung der Sputtermasken (2) zu dem eingelegten Polymerchip (3) durch die Positionierungsstifte (4), damit die nach dem Sputterprozess entstandenen Messelektroden mittig zum Mikrokanal angeordnet sind.

Abb. 4-28   Maskenhalter (1); Schattenmaske (2); eingebauter Polymerchip (3); Positionierungsstifte (4)

4.6 Aufbringen der Reservoirstrukturen durch Kleben

Nach dem Zusammenbonden aller drei mikrostrukturierten Schichten beträgt die maximale Chipdicke ungefähr 0,2 - 0,3 mm. Dadurch wird die Höhe der Reservoirstruktur genau bestimmt. Allerdings ist das Reservoirvolumen (< 1 µl) für die Analytmenge sehr verringert, was für die Durchführung mehrfacher CE-Messungen nicht ausreichend ist. Abb. 4-29 zeigt einen dünnen Folienchip aus PC mit besputterten Messelektroden aus Gold (1).

Zur besseren Handhabung der gefertigten Folienchips aus PC und COC wurde eine Reservoirstruktur aus PMMA aufgeklebt. Um eine Vergrößerung der Reservoirvolumina zu erzielen, wurden 10 mm hohe PMMA-Blöcke verwendet, die designbedingt acht runde Reservoirs mit einem Durchmesser von 4 mm enthalten (Abb. 4-29 (2)). Durch die so gewählte Reservoirgeometrie beträgt das maximale Analytvolumen circa 125 µl pro Reservoir. Zum Aufkleben der Reservoirstruktur (2) wurde ein Kapillarklebstoff DYMAX® 191-M (DYMAX GmbH, Frankfurt, Deutschland) verwendet. Die Aushärtung dieses Klebstoffs erfolgte durch UV-Licht in 60 Sekunden.

Auf den dreilagigen CE-Chips aus PEEK wurden Reservoirsstrukturen mit einer Höhe von 6 mm aus dem gleichen Polymertyp geklebt. Der dafür verwendete Zweikomponenten-Epoxidharzklebstoff Epo-Tek® 353ND (Epoxy Technology, Billerica, USA) wurde nach 20 Minuten bei 120 °C im Trockenofen ausgehärtet. Dieser Klebstofftyp erwies sich zum Kleben des chemisch hochbeständigen Polymermaterials PEEK als gut geeignet.

Abb. 4-29 (3) demonstriert einen vollständig gefertigten mehrlagigen CE-Chip, der zur Durchführung zweidimensionaler CE-Messungen eingesetzt werden konnte. Eine ausführliche Beschreibung der Messungen erfolgt in Kapitel 5.3.

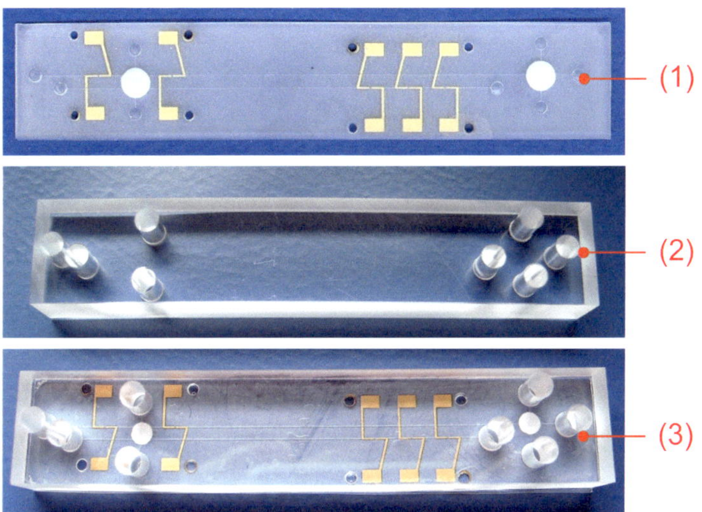

Abb. 4-29   Mehrlagiger Folienchip aus PC mit (1) besputterten Messelektroden aus Gold, (2) Reservoirstruktur aus PMMA, (3) aufgeklebter Reservoirstruktur

5 Charakterisierung der mehrlagigen polymeren CE-Strukturen

5.1 Aufbau und Optimierung des CE-CCD-Messplatzes zur zweidimensionalen Kapillarelektrophorese

5.1.1 Erweiterung der CE-Hochspannungseinheit

Um die realisierten mehrlagigen CE-Systeme testen zu können, war es erforderlich, einen geeigneten mikrofluidischen Teststand aufzubauen. Zur Durchführung erster CE-Messungen wurde auf einen bereits vorhandenen CE-CCD-Messplatz zurückgegriffen, nachfolgend wurde der Messplatz zur Demonstration zweidimensionaler (2D-CE) Trennungen erweitert und optimiert.

Eine komplexe Hochspannungssteuereinheit, aufgebaut in [25], wurde als Basis für die im Rahmen dieser Arbeit erfolgten Entwicklungen des Messplatzes zur Durchführung einer 2D-CE verwendet (Abb. 5-1, 1). Sie beinhaltet acht programmierbaren Hochspannungsquellen (HV) vom Typ HCE 7 6500 (F.u.G. Elektronik GmbH, Rosenheim, Deutschland) zur elektrokinetischen Injektion und Separation und vier Hochspannungsanschlüsse zur Ansteuerung von bis zu vier Hochspannungselektroden auf einem Chip. Die flexible Hochspannungssteuereinheit (Abb. 5-1, 1) ermöglicht es, an jedem der vier HV-Ausgänge wahlweise ein einstellbares positives oder negatives Potential von -6,5 kV bis +6,5 kV anzulegen oder vom Potential getrennt (floating) zu schalten.

In Zusammenarbeit mit dem Institut für Prozessdatenverarbeitung und Elektronik (IPE) des KIT wurde ein Zusatzmodul (Abb. 5-1, 2) zu der Hochspannungssteuereinheit aufgebaut (siehe hinzu Anhang B). Die von der CE-Apparatur gelieferte Hochspannung wird in die vier Eingänge des Erweiterungsmoduls geleitet (Abb. 5-1, 2, auf dem Bild nicht zu sehen, sie befinden sich auf der Rückseite des Gerätes). Über acht logisch verschaltete Hochspannungsrelais (HV-Relais) vom Typ HE12-1A83-150 (MEDER electronic AG, Engen-Welschingen, Deutschland), eingebaut im Zusatzmodul, wird die Hochspannung jeweils in positive und negative Richtung auf acht Ausgänge aufgeteilt (Abb. 5-1, 2). Somit werden die benötigten Anschlüsse zu den acht Hochspannungselektroden realisiert (Abb. 5-1, 4). Die Anzahl der Hochspannungselektroden ist durch das Chip Design bedingt (siehe Abb. 4-2, Kapitel 4.1). Die HV-Elektroden werden in die Reservoirs des zu messenden

CE-Chips eingetaucht und die Hochspannung auf diese Weise in die Mikrokanäle geleitet.

Abb. 5-1   Der erweiterte CE-CCD-Messplatz mit 1: Hochspannungseinheit, 2: Zusatzmodul mit acht Ausgängen, 3: Schaltbox mit Handschaltern, 4: Chipplattform mit Halterung für acht Hochspannungselektroden

5.1.2 Erweiterung der Steuerungssoftware

Für erste Vorversuche wurde als schnell realisierbare Lösung die bisherige Steuerung der Hochspannung mit dem Steuerungsprogramm KEPAS (Kapillar-Elektrophorese-Apparatur-Steuerung) durch eine manuelle Bedienung ergänzt. Eine manuelle Schaltbox (Abb. 5-1, 3) übernimmt die Steuerung der im Zusatzmodul eingebauten HV-Relais, denn das bestehende Steuerungsprogramm steuert nur die in der CE-Hochspannungseinheit (Abb. 5-1, 1) eingebauten HV-Relais.

In einem weiteren Entwicklungsschritt wurde die manuelle Schaltbox durch eine automatisierte Steuerung ersetzt. Die Steuerung der im Erweiterungsmodul (gekennzeichnet in der Abb. 5-2 unten) eingebauten acht HV-Relais wurde von dem Steuerungsprogramm KEPAS übernommen. Zu diesem Zwecke wurde das Programm KEPAS in LabView® (National Instruments) erweitert, dessen Softwareoberfläche in Abb. 5-2 gezeigt ist.

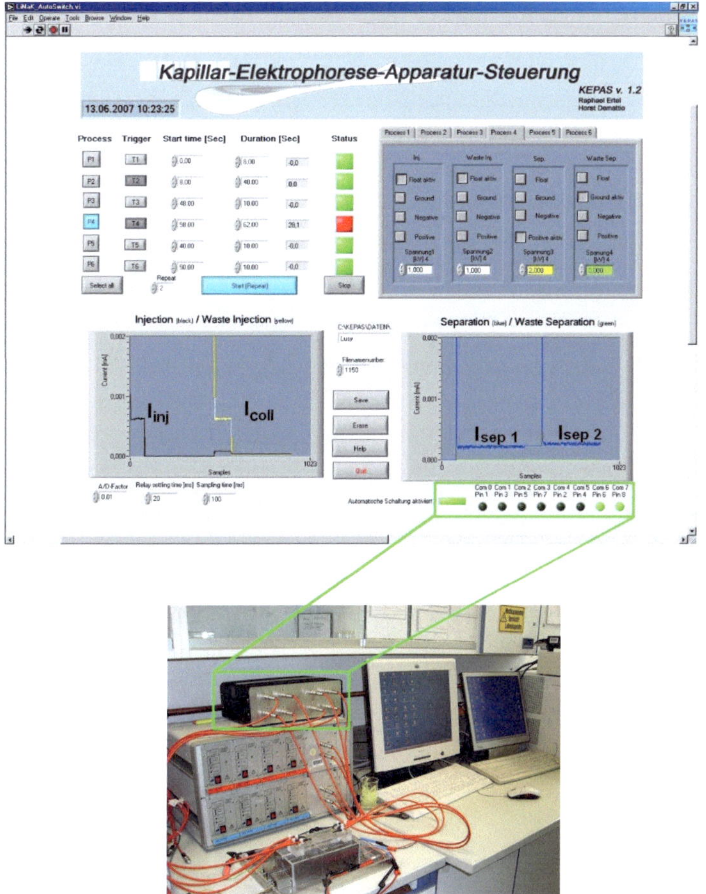

Abb. 5-2   Erweitertes Steuerungsprogramm KEPAS zur 2D-CE (oben),
CE-CCD-Messplatz (unten)

Dadurch wurde eine automatische Steuerung aller zusätzlich eingebauten HV-Relais ermöglicht. So können alle sechs mögliche Prozesse zur Injektion und Separation flexibel variiert und variabel hintereinander geschaltet werden (Abb. 5-2 oben). Dabei können Startzeit, Dauer, Anzahl der Wiederholungen und Höhe des angelegten Potentials bei jedem der programmierbaren Prozessschritte beliebig verändert werden. Diese Flexibilität der gewählten Prozessschritte ist zur Durchführung einer 2D-CE durchaus notwendig, da dabei mehrere Trennvorgänge in den Mikrokanälen hintereinander geschaltet werden sollen. Gleichzeitig können die fließenden Ströme $I_{Injektion}$, $I_{collection}$,

$I_{Separation1}$ und $I_{Separation2}$ in allen vier Mikrokanälen des mehrlagigen Chips online aufgenommen werden und somit permanent kontrolliert werden.

Durch die automatische Steuerung der HV-Relais wurde die Durchführung der CE-Messreihen deutlich erleichtert. So wurden u. a. die Umschaltzeiten, welche mitunter im Bereich von Millisekunden liegen, sehr viel genauer als es in einem Einsatz mit der manuellen Schaltung möglich ist. Dies führte zur Verbesserung der Messgenauigkeit und Messeffizienz.

5.1.3 CCD-Messaufbau

Der CE-CCD-Versuchsaufbau besteht aus folgenden drei Grundbausteinen: einer Chip-Plattform, einer Halterung für die Hochspannungselektroden sowie Sender- und Empfängermodulen der CCD-Elektronik.

Die gefertigten mehrlagigen CE-Chips wurden auf einer geeigneten Chip-Plattform aufgebaut, die im Rahmen dieser Arbeit entworfen wurde. Die Hochspannung wird in die Mikrokanäle eines Chips über Platindrähte, die so genannten Hochspannungselektroden, zugeführt. Die Platindrähte werden an einer Plexiglashalterung befestigt und von oben in die Reservoirs des Chips eingetaucht. Die durch das Chipdesign vorgegebenen Halterungen für sechs bzw. acht Hochspannungselektroden sind in Abb. 5-3 gezeigt. In der Plattform wird der eingebaute CE-Chip von unten über Federkontaktstifte mit der Messelektronik verbunden.

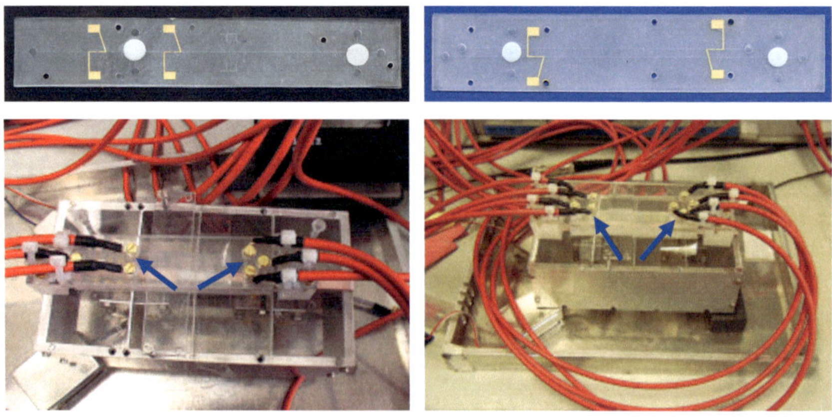

Abb. 5-3   Chip-Plattform mit eingebautem CE-Chip nach Design 1 (oben links) und Design 2 (oben rechts); Halterung für sechs (unten links) bzw. acht (unten rechts) von oben zugeführten Hochspannungselektroden

Eine geeignete Chip-Plattform für verschiedene Chiptypen wurde in Zusammenarbeit mit dem Projekt „Miniaturisiertes Gasanalysesystem" entwickelt [129]. Die Plattform wurde flexibel konstruiert, so dass CE-Chips mit verschiedenen Designs darauf befestigt werden können. Beim Testen verschiedener Lab-on-a-Chip-Systeme zur CE können sich Chips sowohl in Anzahl und Geometrie der Mikrokanäle, Anzahl und Höhe der Reservoirs als auch Anzahl und Position der Messelektroden zur CCD unterscheiden. Die flexible Positionierung der Kontaktstifte d. h. bewegliche Einstellung in horizontale Richtung (siehe Abb. 5-4) ermöglicht ein gleichzeitiges Anschließen von zwei Detektorpaaren und somit simultane CCD-Detektion an zwei Stellen auf einem Chip.

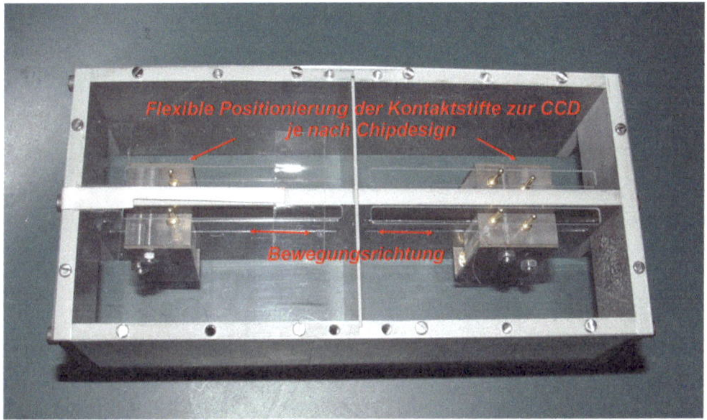

Abb. 5-4 Flexible Chip-Plattform für verschiedene Chipdesigns

Ein weiterer Schritt zur Durchführung einer mehrdimensionalen Kapillarelektrophorese ist die Erweiterung der Detektionselektronik bzw. CCD-Apparatur. Die im Rahmen dieser Arbeit verwendete CCD-Elektronik wurde von J. Zuska und B. Gaš an der Universität Prag entwickelt und zum Zwecke dieser Arbeit zur Verfügung gestellt [130].

Hier sollen nun an zwei unterschiedliche Stellen der vierkanaligen CE-Struktur zwei nacheinander erfolgende Detektionen stattfinden. Zu Beginn der Arbeit wurde zunächst nur an einer Stelle des CE-Chips mit jeweils nur einem Sender- und Empfängerpaar detektiert (siehe hierzu Kapitel 5.3.2). Mit der Steuerungsautomatisierung der Hochspannungsrelais wurde dann parallel an zwei unterschiedlichen Messstellen des Chips mit zwei Detektorpaaren detektiert (siehe hierzu Kapitel 5.4).

Abb. 5-5 zeigt die flexible Chip-Plattform mit einem eingebauten CE-Chip nach Design 2, die in den Chipreservoirs eingetauchten Elektroden (z. B. Platindrähte) für die Hochspannung, die Kontaktstifte für die CCD und die zwei Detektorpaare 1 und 2. Die Sender- und Empfängermodule befinden sich in kleinen abgeschirmten Metallboxen (Abb. 5-5 CCD 1 und CCD 2) und werden über Kontaktstifte mit den CCD-Messelektroden, aufgesputtert auf dem Polymerchip, verbunden. Die beiden Detektorpaare arbeiten bei zwei unterschiedlichen Frequenzen, wobei das erste Detektorpaar CCD 1 bei einer Frequenz von 1 MHz und das zweite CCD 2 bei 3,8 MHz operiert. Mit einem 2-Kanal- / 24-bit-A/D-Wandler von Hewlett Packard (HP Interface 35900) wird das empfangene Leitfähigkeitssignal digitalisiert, danach mit dem kommerziell erhältlichen Chromatographiedatensystem ChemStation (Agilent Technologies, 2003) aufgezeichnet und ausgewertet.

Zur besseren Abschirmung wird der Messplatz bei Durchführung einer Messung zusätzlich mit einem Metallkäfig abgedeckt. Dadurch wird verhindert, dass der Bediener mit der Hochspannung in Kontakt kommt. Eine zusätzliche Abschirmung von elektromagnetischen Störungen erfolgt dabei ebenso.

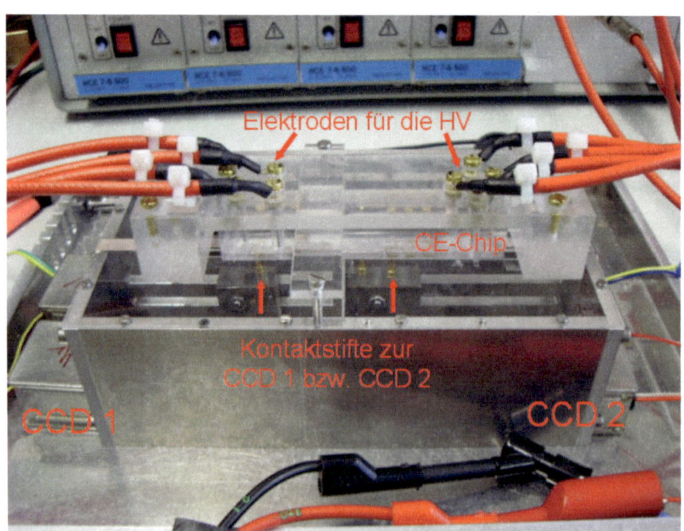

Abb. 5-5   Chip-Plattform mit befestigtem CE-Chip und zwei Detektorpaare
(CCD 1: f = 1 MHz, CCD 2: f = 3,8 MHz)

5.2 Allgemeine Versuchsdurchführung

In den Reservoirs eines mehrlagigen 2D-CE-Chips wurde zunächst Pufferlösung mit Hilfe einer Pipette einpipettiert, wobei die Mikrokanäle durch die Kapillarkraft in wenigen Sekunden befüllt wurden. Es erfolgte die Überprüfung des gesamten Mikrokanalsystems auf unerwünschte Luftblasen. Anschließend wurde der Puffer im Analyt-Reservoir durch verdünnte Analytlösung ersetzt. Der befüllte Chip wurde auf der Chip-Plattform befestigt. Es wurde dabei auf die exakte Positionierung und Kontaktierung der CCD-Messelektroden über den Kontaktstiften für die CCD geachtet. Die Hochspannungselektroden, befestigt an einer Plexiglashalterung, wurden von oben in die Reservoirs des Chips eingetaucht. Nach erfolgter Abschirmung des Messplatzes wurden die Versuche automatisch gesteuert und die Messwerte über das Auswerteprogramm erfasst.

Die im Rahmen dieser Arbeit verwendeten Chemikalien zur Durchführung von CE-Messungen sind in Anhang C aufgelistet. Alle angesetzten Lösungen wurden mit einem Milli-Q®Plus-System / Filter: QPAK®2 (Millipore, Billerica, USA) gefilterten Wasser hergestellt. Anschließend wurden sie durch einen sterilen Spritzenaufsatzfilter vom Typ Acrodisc® Syringe Filter (Pall Corporation, Washington, USA) mit einer Porengröße von 0,1 µm gefiltert.

Für die durchgeführten CE-Messungen wurden folgende Analyte verwendet:

Puffer-Lösungen:
-Mes/His für die Kationen- und Anionen-Analyse
(Konzentration 10 mM, 30:10)
-Essigsäure + 0,1 % HEC für die Aminosäuren-Analyse
(Konzentration 2M, 8M)

Kationen-Analyte:
Kaliumchlorid, Natriumchlorid, Lithiumchlorid

Anionen-Analyte:
Sulfat (Natriumsulfat), Nitrat (Kaliumnitrat), Weinsäure
(L(+)Weinsäure), Äpfelsäure (L(-)-Äpfelsäure), Zitronensäure
(Citronensäure-Monohydrat), Bernsteinsäure, Essigsäure,
Milchsäure

Aminosäuren:
L-Lysin, L-Arginin, L-Histidin, L-Alanin, L-Valin, L-Leucin,
L-Threonin, L-Methionin, L-Tryptophan, L-Asparaginsäure,
L-Glutaminsäure, L-Phenylalanin, L-Prolin, L-Tyrosin, Glycin.

5.3 CE-Messungen zur Chipfunktion

5.3.1 Untersuchungen des Strömungsverhaltens im Injektionskreuz mittels Fluoreszenzmikroskopie

Motivation

Bei der elektrokinetischen Injektion während einer CE-Messung wird der zu analysierende Analytpfropfen durch die Kanalkreuzungsgeometrie bestimmt. Um stabile und reproduzierbare Messergebnisse zu bekommen wird hierbei eine möglichst definierte und konstante Probenmenge während eines Injektionsvorgangs angestrebt. Bei einer anschließenden Separation sollte möglichst wenig Analyt aus dem Injektionskanal in den Trennkanal nachströmen. Dies könne sowohl zu Unstabilitäten während des Trennvorgangs führen als auch zu Abnahme der Trenneffizienz, wodurch die Messgenauigkeit negativ beeinflusst werden würde.

Ergebnisse aus anderen Forschungsarbeiten [25] haben gezeigt, dass bei einlagigen CE-Chips mit abgerundetem Injektionskreuz und rechteckigem Injektionskreuz eine nicht genau über die Kanalkreuzungsgeometrie definierte Analytmenge während der Injektion und ein kontinuierliches Nachfließen des Analyten in den Trennkanal während der Separation beobachtet wird.

Um die im Rahmen dieser Arbeit entwickelten mehrlagigen CE-Strukturen mit den herkömmlichen einlagigen CE-Chips vergleichen zu können, wurden erste Untersuchungen des Strömungs- und Nachfließverhaltens im Injektionskreuzungsbereich mittels Fluoreszenzmikroskopie durchgeführt. Es wurde dabei der Einfluss der Anordnung der Mikrokanäle im Kreuzungsbereich auf die injizierte Probenmenge und das Nachströmverhalten des Analyten analysiert. Das Fliessverhalten des Analyten wurde in zweilagigen Chips ohne integrierte PCTE-Membran und dreilagigen CE-Chips mit integrierter PCTE-Membran untersucht.

Fluoreszenzmikroskopie

Fluoreszenzmikroskopie stellt eine spezielle Form der Lichtmikroskopie dar, bei der das Nachleuchten von Fluoreszenzfarbstoffen zur Auflösungsverbesserung genutzt wird. Dabei können beispielsweise Strömungen in Mikrokanälen mit einer hohen Auflösung beobachtet und analysiert werden. Die Voraussetzung hierfür ist, dass die zu untersuchenden mikrofluidischen Strukturen aus transparenten Materialien gefertigt sind.

Zur Durchführung der Versuche wurde Fluorescein als Fluoreszenzfarbstoff verwendet. Bei einer Anregung in blauem Wellenlängenbereich (Absorptionsmaximum bei einer Wellenlänge von 496 nm) gibt Fluorescein grünes Licht (Wellenlänge ca. 520 bis 530 nm) ab. Es tritt eine Fluoreszenz auf, deren Intensität stark vom pH-Wert des gelösten Farbstoffs abhängig ist. Beim steigenden pH-Wert (pH > 7) erhöht sich die Löslichkeit des Farbstoffs und somit gleichzeitig die Fluoreszenzintensität. Fluorescein ist schwer in Wasser dafür gut in Alkohol und Alkalien löslich. Bei den erfolgten Untersuchungen wurde eine Lösung von 2 mM Fluorescein in Natronlauge (pH > 10) verwendet.

Im Rahmen dieser Arbeit wurde ein Epi-(Echo Planar Imaging)-Fluoreszenzmikroskop (SVM340) der Firma LabSmith (Livermore, USA) eingesetzt. Dieses Mikroskop ist mit einer Schwarzweiß-Kamera ausgestattet, die mit einer Bildfrequenz von 30 Bildern pro Sekunde arbeitet. Für einen besseren Kontrastunterschied und farbiger Darstellung des beobachteten Strömungs- und Nachfließverhaltens im Kanalkreuzungsbereich wurden die aufgenommenen Videosequenzen mit einer vom Hersteller entwickelten µScope-Software in Falschfarbendarstellung gezeigt. (Abb. 5-6, Abb. 5-7, Abb. 5-9). Die entstandenen Videos wurden bei einer 10-fachen Vergrößerung des Injektionskreuzes eines mehrlagigen CE-Chips aufgenommen.

Vergleich einlagiger CE-Chip mit abgerundeten Kanalkreuzecken

Zum Vergleich der nachfolgenden Untersuchungen wurden zunächst die Forschungsergebnisse mit einem einlagigen CE-Chip dargestellt. Unter einem einlagigen CE-Chip ist es hier eine im Polymersubstrat abgeformte Mikrokanalstruktur mit einer darauf gebondeten unstrukturierten Deckelfolie des gleichen Polymers zu verstehen. Die Mikrokanäle eines konventionellen CE-Chips, deren Kapillarboden auf dem gleichen Höhenniveau liegt, kreuzen sich auf einer Ebene. Fertigungsbedingt weist dessen Injektionskreuzungsbereich abgerundete Ecken auf. In [25, 124] werden diese CE-Strukturen detailliert beschrieben.

Die aufgenommene Fluidströmung wird in Abb. 5-6 dargestellt. Der Injektionsvorgang wird hier von unten nach oben in der Bildreihe A bzw. der Separationsvorgang von links nach rechts in der Bildreihe B abgebildet. Beide Prozesse, die elektrokinetische Injektion und die Separation verlaufen bei Anlegung einer Hochspannung in den Mikrokanälen gleich wie bei einer kapillarelektrophoretischen Messung. Alle nachfolgenden Fluoreszenzuntersuchungen in diesem Kapitel wurden nach demselben Fliessprinzip aufgenommen.

Bei der durchgeführten elektrokinetischen Injektion der verwendeten CE-Chips, gezeigt in Abb. 5-6 A, wurde nach 3 Sekunden ein deutliches Überströmen des Analyten über die Kanalkreuzungsgeometrie hinaus beobachtet. Anschließend wurde das Nachströmverhalten der Analytprobe während eines Separationsvorgangs untersucht. Ein eindeutiges Nachfließen des Analyten vom Injektionskanal in den Trennkanal, gezeigt in Abb. 5-6 B, fand über die gesamte Trenndauer statt.

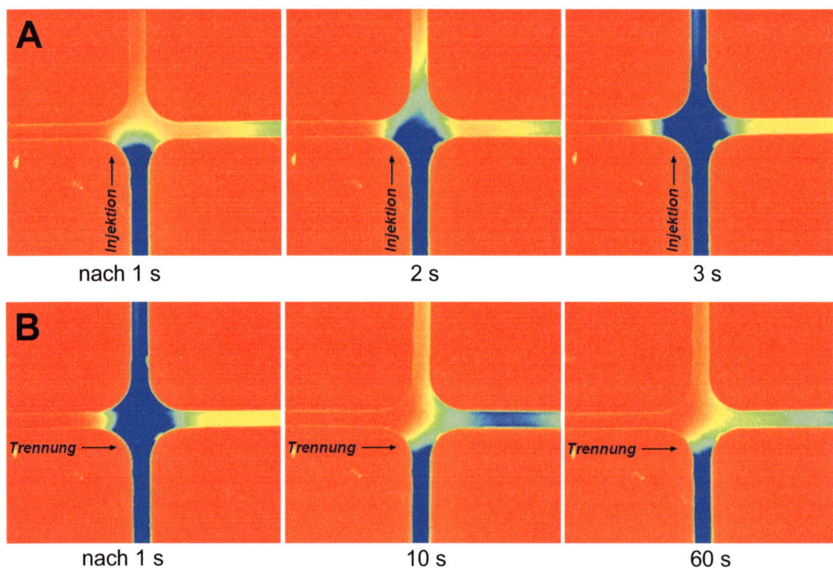

Abb. 5-6   Fluoreszenzmikroskopaufnahme am Injektionskreuzungsbereich eines einlagigen CE-Chips; Trennparameter:
A: Injektion: t_{Inj} = 3 s, E_{Inj} = 500 V/cm
B: Trennung: t_{Sep} = 60 s, E_{Sep} = 230 V/cm
Puffer: 10 mM Mes/His, Marker: 2 mM Fluorescein, pH 9

Zweilagige CE-Chips ohne PCTE-Membran

Die zweilagigen CE-Chips wurden nach Design 2, das in Kapitel 4.1 Abb. 4-2 dargestellt wurde, ohne die integrierte PCTE-Membran aufgebaut. In Abb. 5-7 erfolgen die Injektion A, auf den Bildern jeweils im senkrechten Kanal, und die

Separation B im waagerechten Kanal. Das Strömungsverhalten des Analyten wird über eine Zeitspanne von 60 Sekunden aufgenommen.

Bei einer Standardinjektion von 3 Sekunden wird der Injektionskanal mit Fluoresceinlösung über die gesamte Kanallänge komplett befüllt. Bei den erfolgten Messungen wurde beobachtet, dass der Analyt über den Kreuzungsbereich hinaus in den Trennkanal der nächsten Ebene hineinfließt und sich ähnlich wie bei dem einlagigen CE-Chips ausbreitet, aber in beträchtlich geringerem Ausmaß (Abb. 5-7 A). Der injizierte Analytpfropfen würde sich somit bei Mehrfachanalysezyklen ständig ändern, was zu Veränderungen der Peakhöhe und -breite in den entstandenen Elektropherogrammen führen könnte.

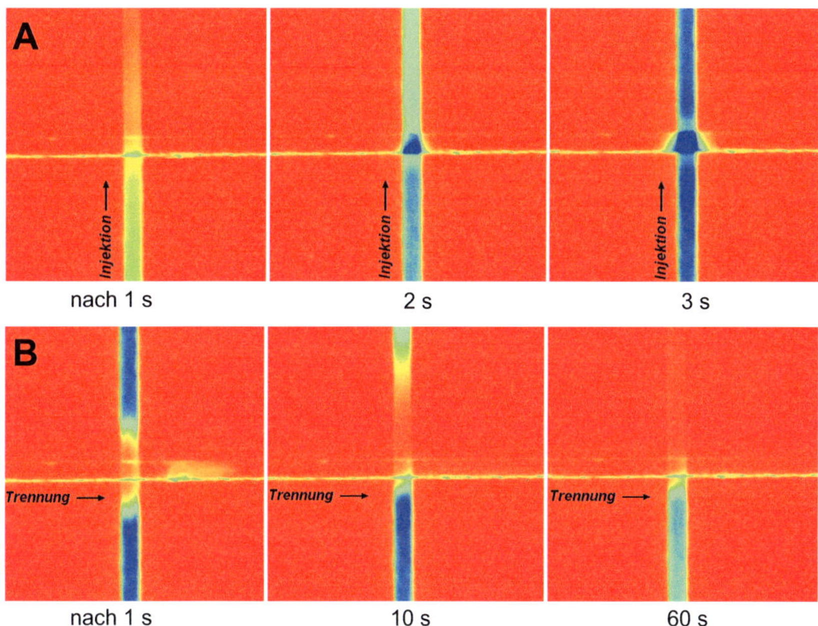

Abb. 5-7   Fluoreszenzmikroskopaufnahme am Injektionskreuzungsbereich eines zweilagigen CE-Chips ohne integrierte PCTE-Membran; Trennparameter:
A: Injektion: t_{Inj} = 3 s, E_{Inj} = 500 V/cm
B: Trennung: t_{Sep} = 60 s, E_{Sep} = 230 V/cm
Puffer: 10 mM Mes/His, Marker: 2 mM Fluorescein, pH 9

Bei dem anschließenden Trennvorgang nach der Injektion bleibt die Analytprobe im Injektionskanal jedoch stehen, ohne sich weiter zu verbreiten.

Über die gesamte Separationszeit von 60 s wurde kein Nachfließen des Analyten in den Trennkanal beobachtet (Abb. 5-7 B). Auf diese Weise wurde gezeigt, dass der Aufbau des Injektionskreuzungsbereiches der CE-Chips in zwei Lagen sich positiv auf das Strömungsverhalten des Analyten auswirkt.

Bei der Durchführung von elektrophoretischen Auftrennungen von LiCl, NaCl und KCl, in dieser Arbeit genannt als "LiNaK"-Testlösungen, konnte die Reproduzierbarkeit der Messung genauso nachgewiesen werden (Abb. 5-8). Bei jeder nachfolgenden Wiederholungsmessung nahm die Basislinie um circa 15 µV ab, aber das quantitative Signal blieb gleich.

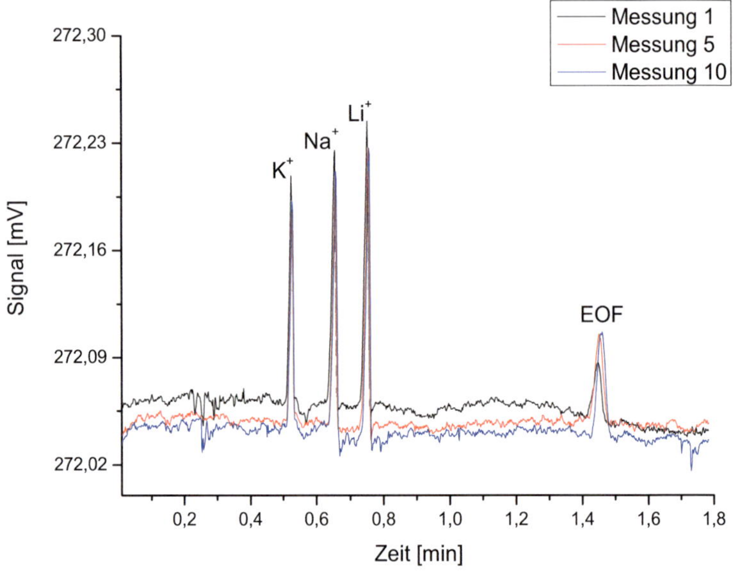

Abb. 5-8   Reproduzierbarkeit der Messung bei Standardinjektion in einem zweilagigen CE-Chip ohne integrierte Membran unter folgenden Trennbedingungen:
Injektion: t_{Inj} = 3 s, E_{Inj} = 500 V/cm
Trennung: t_{Sep} = 120 s, E_{Sep} = 230 V/cm
Analyt: 1 mM "LiNaK"-Lösung; Puffer: 10 mM Mes/His

Dreilagige CE-Chips mit PCTE-Membran

Mit den dreilagigen CE-Chips, aufgebaut nach Design 2 (vergleiche Abb. 4-2 in Kapitel 4.1), wurde der Einfluss der integrierten PCTE-Membran auf das Strömungs- und Nachfließverhaltens des Analyten untersucht. Die wichtigste Eigenschaft dieses Designs stellt die Positionierung des Injektionskanals oberhalb des Trennkanals dar, wobei im Kreuzungsbereich zwischen den beiden Kanälen eine Membran integriert ist. Beim Anlegen einer Hochspannung fließt der Analyt vom Injektionskanal der oberen Ebene in vertikaler Richtung durch die Membran hindurch in den Trennkanal der unteren Ebene hinein.

Fluoreszenzmikroskopaufnahmen des Injektions- A und Separationsvorgangs B von Fluorescein werden in der Bildreihe A und B der Abb. 5-9 gezeigt. Bei der Injektion A bleibt die injizierte Analytlösung im Injektionskanal stehen, wobei nur minimaler Analytfluss durch die Membran in den Trennkanal der nächsten Ebene beobachtet werden konnte. Im zweilagigen Aufbau der CE-Chips, dargestellt in Abb. 5-7, wird der injizierte Analytpfropfen in der Kanalkreuzung, bestimmt durch die Kanalgeometrie mit einem Querschnitt $50 \times 50\ \mu m^2$, auf ungefähr 125 pl berechnet. Im dreilagigen Aufbau bei dem gleichen Kanalquerschnitt wird die injizierte Probenmenge im Kanalkreuzungsbereich durch die integrierte Membran auf wenigen Picolitern verringert. Über Probenvolumina in ähnlicher Größenmenge durch eine PCTE-Membran wird in [131] berichtet. Die Porendichte von 3×10^8 pro cm^2 der eingesetzten Membran mit einer Porengröße von 200 nm wird vom Hersteller angegeben [132]. Für die oben erwähnte Fläche von $50 \times 50\ \mu m^2$ am Kanalkreuzungspunkt wurde eine Porendichte von ungefähr $7,5 \times 10^3$ pro μm^2 der Membran ermittelt. Durch den dreilagigen Aufbau wird eine besser kontrollierbare Probenmenge in der Injektionskreuzung im Vergleich zum einlagigen Aufbau eines CE-Chips erreicht.

Während des Trennvorgangs B, gezeigt in Abb. 5-9, wurde über die gesamte Dauer von 60 s kein Nachfließen des Analyten durch die Membran in den Trennkanal beobachtet. Statische Druckdifferenzen an den Chipreservoirs haben bei dem mehrlagigen Aufbau auf das Nachfließverhalten keinen Einfluss (Daten nicht gezeigt). Mittels der durchgeführten Fluoreszenzmikroskopmessungen wurde somit die Funktion der Membran als diffusionshemmende Schicht zwischen den Ebenen bestätigt.

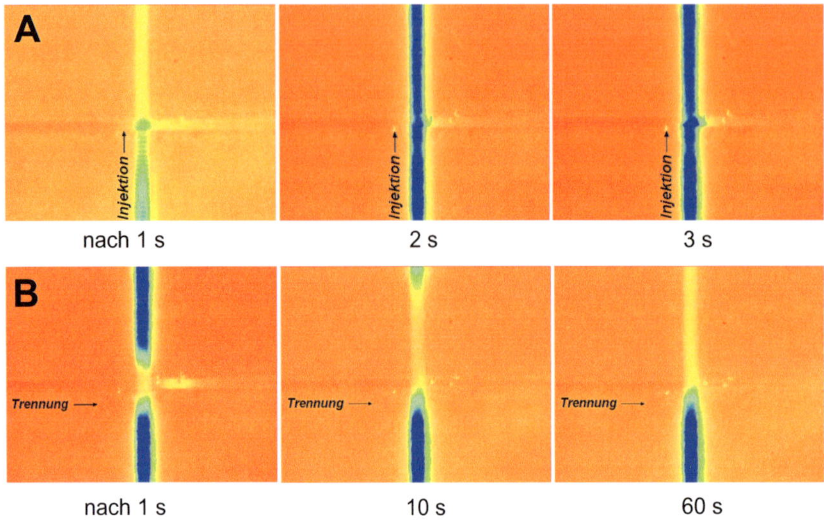

Abb. 5-9　Fluoreszenzmikroskopaufnahme am Injektionskreuzungsbereich eines dreilagigen CE-Chips mit integrierter PCTE-Membran; Trennparameter:
A: Injektion: t_{Inj} = 3 s, E_{Inj} = 500 V/cm
B: Trennung: t_{Sep} = 60 s, E_{Sep} = 230 V/cm
Puffer: 10 mM Mes/His, Marker: 2 mM Fluorescein, pH 9

Abb. 5-10 zeigt die gemessenen Elektropherogramme nach mehrmaligen Auftrennungen der "LiNaK"-Testlösung in einem dreilagigen CE-Chip aus Polycarbonat mit integrierter PCTE-Membran. Dabei zeigen die aufgenommenen Messkurven bei mehrfachen Trennungen minimale Signalschwankungen zwischen 5 bis 7 µV, wobei die Signalbasislinie sehr stabil verläuft. Die Peaksymmetrie in den entstandenen Elektropherogrammen blieb ebenfalls erhalten. Nach der Injektion durch die PCTE-Membran konnten reproduzierbare Auftrennungen beobachtet werden (Abb. 5-10).

Bei einem ununterbrochenen Messzyklus von ca. 8 Stunden, konnte jedoch ein zunehmendes Verstopfen der Membranporen beobachtet werden. Dies führte zu längeren Injektionszeiten, was die Trenneffizienz verringerte. Das gesamte Mikrokanalsystem inklusive der integrierten Membran sollte deswegen wiederholt mit gefiltertem Wasser mehrfach gespült werden. Es wurde beobachtet, dass diese Spülschritte ausreichend waren, die Membranporen wiederholt zu öffnen. Die gebrauchten Chips wurden über längere Zeit mit Wasser befüllt gelagert. Die Einsatzdauer der dreilagigen Chips betrug maximal 5 Tage.

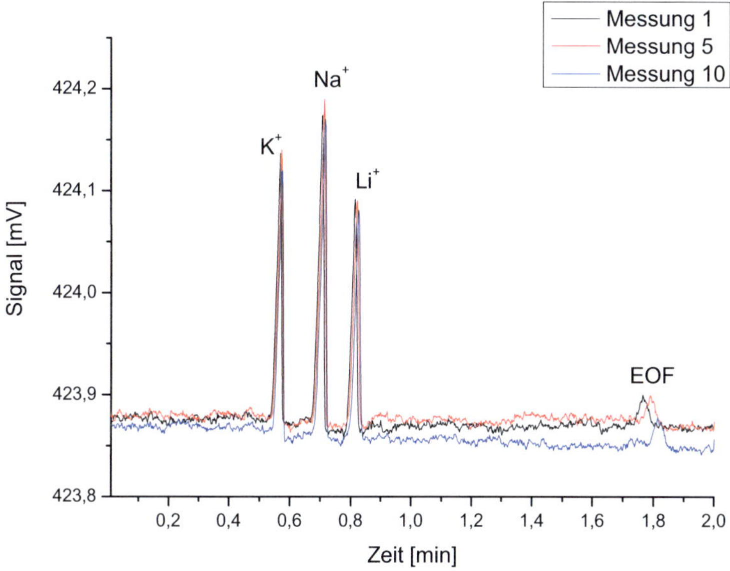

Abb. 5-10   Reproduzierbarkeit der Messung bei Standardinjektion durch die PCTE-Membran in einem dreilagigen CE-Chip unter folgenden Trennbedingungen:
Injektion: t_{Inj} = 3 s, E_{Inj} = 500 V/cm
Trennung: t_{Sep} = 120 s, E_{Sep} = 230 V/cm
Analyt: 1 mM "LiNaK"-Lösung; Puffer: 10 mM Mes/His

5.3.2 Selektives Ausschleusen einzelner Fraktionen des Analyten

Mit den angefertigten mehrlagigen CE-Strukturen konnte eine Reihe von gewonnenen Separationen verschiedener Analytmischungen durchgeführt werden. Anhand dieser ersten Trennungen konnte die Funktion der CE-Chips mit bzw. ohne integrierte Membran nachgewiesen werden.

Mit den im Rahmen dieser Arbeit eingesetzten mehrlagigen CE-Chips mit einem Abstand Mikrokanal-Detektor-Elektrode zwischen 70 bis 100 µm (vergleiche Kapitel 4.3.2 Abb. 4-12) konnte eine gute Messempfindlichkeit beobachtet werden. Derzeit sind Messungen mit einem Abstand von 15 bis 90 µm aus [25] bekannt. Die in dieser Arbeit erreichte Konzentrationsempfindlichkeit lag in einer ähnlichen Größenordnung wie die in [25] beschrieben. Bei den mehrlagigen Fluidstrukturen wird der Abstand zum Detektor vom Chip-Design eingeschränkt, da die erste Schicht des mehrlagigen CE-Chips immer den Trennkanal mit einem Querschnitt von 50×50 µm^2 enthält und somit fertigungsbedingt eine Mindestdicke von 80 µm nicht unterschreitet.

Messungen mit dreikanaliger CE-Struktur

Ein wichtiger Prozess zur Realisierung von 2D-CE stellt das sichere selektive Ausschleusen von bestimmten Fraktionen aus einer CE-Auftrennung dar. Erste Vorversuche dieser Art konnten hierbei durchgeführt werden. Zunächst wurden die dreikanaligen CE-Chips aus PC mit integrierter PCTE-Membran, gefertigt nach Design 1 (vergleiche Kapitel 4.1 Abb. 4-2), getestet.

CE-Messungen zu selektivem Ausschleusen und gezielter Überleitung einzelner Fraktionen vom Trennkanal 3-4 in den Ausschleusekanal 5-6 wurden zunächst mit kleinen positiv geladenen Alkaliionen durchgeführt, wofür "LiNaK"-Testlösungen aus den entsprechenden Chloriden hergestellt wurden. Die Analytprobe wird ins Reservoir 1 des mehrlagigen CE-Chips einpipettiert, anschließend wird sie elektrokinetisch in den Injektionskanal 1-2 injiziert und im Trennkanal 3-4 in ihre Bestandteile aufgetrennt.

Bei allen unten gezeigten Elektropherogrammen (Abb. 5-11, Abb. 5-12, Abb. 5-13) erfolgte die Detektion im Trennkanal 3-4 an dem zweiten Elektrodenpaar, positioniert direkt nach dem Ausschleusekanal 5-6 (als CCD 1 und 2 gekennzeichnetes Elektrodenpaar in Abb. 5-11, Abb. 5-12, Abb. 5-13). Die beiden Messkurven, gekennzeichnet in rot und schwarz, wurden in zwei verschiedenen hintereinander folgenden Messzyklen aufgenommen.

Alle Prozess- und Trennparameter, unter denen die Elektropherogramme in Abb. 5-11, Abb. 5-12 entstanden sind, sind in Tab. 5-1 aufgelistet. Es werden dabei, u. a. die Trennbedingungen, die angelegten Potentiale in den Kanälen des CE-Chips und deren Schaltreihenfolge angegeben. Als Beginn und Ende eines Kanals werden hierbei die Chipreservoirs, in denen die Hochspannungselektroden (siehe hinzu Kapitel 5.1.3) eingetaucht werden, betrachtet. In Tab. 5-1 und in Abb. 5-11, Abb. 5-12, Abb. 5-13 sind sie von 1 bis 6 durchnummeriert.

Die schwarze Messlinie in den nachfolgenden Abbildungen zeigt eine vollständige Auftrennung der "LiNaK"-Lösung im Trennkanal 3-4 (gekennzeichnet als CCD 1 in Abb. 5-11 und Abb. 5-12). Sie entstand bei der Durchführung der ersten zwei Prozessschritte, der Injektion und der Separation 1. Diese Messkurve dient zur Bestimmung der Migrationszeiten der einzelnen Fraktionen. Auf Basis der gemessenen Migrationszeiten und der zurückgelegten Trennstrecke (d. h. die effektive Kapillarlänge vom Injektionspunkt bis zum Detektor) werden die Umschaltzeiten, bei denen die ausgewählten Fraktionen an der Kreuzungsstelle des Kanals 3-4 mit Kanal 5-6 sortiert werden sollen, berechnet. Die Kanallänge bis zur Kreuzungsstelle des Kanals 3-4 mit Kanal 5-6 ist durch das Chipdesign 1, 2 oder 3 gegeben (siehe hierzu die Tabelle mit Chipgeometrieabmessungen im Anhang A).

Alle vier aufgelisteten Prozessschritte in Tab. 5-1 wurden hintereinander automatisch ohne Stoppzeiten mittels dem Steuerungsprogramm KEPAS (siehe hinzu Kapitel 5.1.2) ausgeführt, wobei als Ergebnis die Messkurve CCD 2, gekennzeichnet in rot in Abb. 5-11 und Abb. 5-12, entstand.

Design 1					
Prozessschritte:		Injektion	Separation 1/CCD 1	Ausschleusen	Separation 2/CCD 2
Chip-Reservoir	Dauer [s]	3		17	
1		0,5	F	F	F
2		G	F	F	F
3	Spannung [kV]	F	2,0	1,0	2,0
4		F	G	1,0	G
5		F	F	F	F
6		F	F	G	F

G-Masse (Ground engl.); F-vom Potential getrennt (Floating engl.)

Tab. 5-1 Trennparameter: Werte der angelegten Potentiale in den Kanälen des mehrlagigen Chips bzw. Injektions- und Ausschleusezeiten für die "LiNaK"-Lösung

Die Messkurve CCD 2 in Abb. 5-11, zeigt durch das Fehlen der K- und Na-Ionen-Peaks im Elektropherogramm deren gezielte Überführung in den Ausschleusekanal 5-6. Der aufgetretene Signalabfall bei der CCD 2 zeigt das Zeitintervall, während dem die K- und Na-Fraktionen durch eine gezielte Umschaltung der Hochspannung auf Kanal 5-6 ausgeschleust wurden. Der Grund für den Signalabfall war, dass die tatsächliche Detektion erst am Ende des Trennkanals 3-4 stattfand und das Umschalten der Hochspannung zu Störungen der Messelektronik führte.

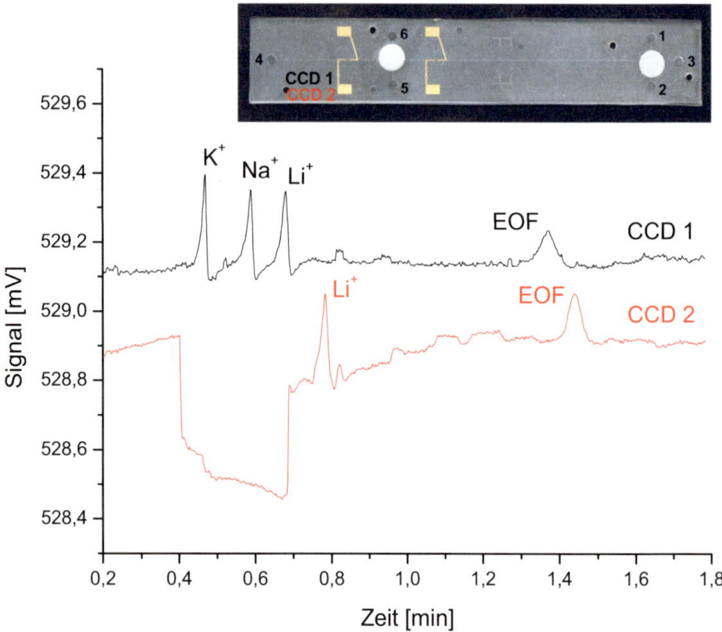

Abb. 5-11   Selektives Ausschleusen von K- und Na-Kationen aus einer Analytmischung von 5 mM LiCl, NaCl, KCl (Pufferlösung 10 mM Mes/His)

Mit der aufgenommenen Messkurve CCD 2 in Abb. 5-12 wird das gezielte Ausschleusen von Na- und Li-Kationengruppe in den Kanal 5-6 dargestellt. Im entstandenen Elektropherogramm ist nur der K-Ionen-Peak zu sehen, die anderen zwei fehlen. Die selektive Fraktionensammlung von zwei benachbarten Kationen-Gruppen wurde somit gezeigt.

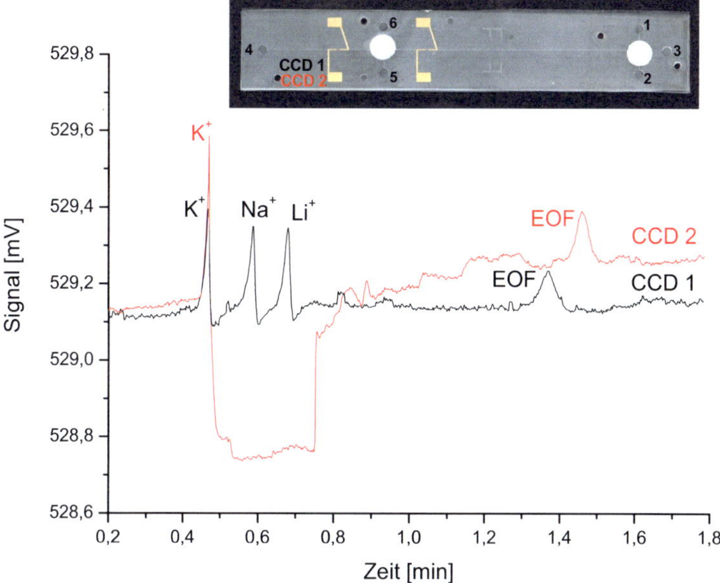

Abb. 5-12   Selektives Ausschleusen von Na- und Li-Kationen aus einer
Analytmischung von 5 mM LiCl, NaCl, KCl

In einer weiteren Reihe von CE-Messungen wurde die gezielte Überleitung von im Wein enthaltenen Säuren (Wein-, Äpfel- und Bernsteinsäure) aus einer Standardlösung getestet und optimiert. Wegen der ähnlichen elektrophoretischen Mobilität dieser drei organischen Säuren ist eine vollständige Separation auf kurze Trennstrecken nicht immer erreichbar. Für die Lösung eines solchen Problems kommt dann die zweidimensionale Kapillarelektrophorese in Frage. Gruppen von einzelnen Fraktionen, die im ersten Schritt der Auftrennung nicht komplett separiert werden, können in einem nächsten Schritt in einen weiteren Kanal zur weiteren Auftrennung übergeleitet werden.

Die separierte Mischung aus Wein-, Äpfel- und Bernsteinsäure ist in Abb. 5-13 in schwarz gekennzeichnet (CCD 1). Die Detektion erfolgte im Trennkanal 3-4 an dem zweiten Elektrodenpaar positioniert nach dem Ausschleusekanal 5-6, ähnlich wie oben gezeigt. Bei der in rot gefärbter Messung fehlen die drei getrennten Fraktionen der Säuremischung (CCD 2). Sie wurden an dem Elektrodenpaar im Trennkanal 3-4 nicht mehr detektiert d. h. sie wurden kurz vor dem

Detektionsbereich komplett in den Ausschleusekanal 5-6 überführt. Während der Fraktionensammlung wurde hierbei genauso ein Signalabfall beobachtet, der ähnlich wie in Abb. 5-11, Abb. 5-12 durch die Hochspannungsumschaltung auf den Kanal 5-6 hervorgerufen wird.

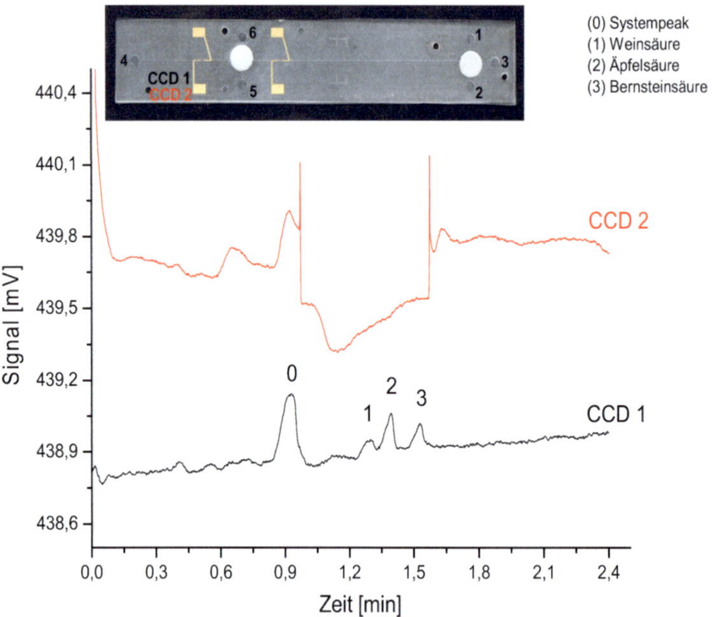

Abb. 5-13 Selektives Ausschleusen von 0,5 mM Standardlösung von Säureanionen (Pufferlösung 10 mM Mes/His)

Die Trennparameter, unter denen das Elektropherogramm in Abb. 5-13 entstanden ist, werden in Tab. 5-2 gezeigt.

Design 1				
Prozessschritte:		Injektion	Separation 1/CCD 1	Ausschleusen	Separation 2/CCD 2
Chip-Reservoir	Dauer [s]	3		36	
1		-0,7	F	F	F
2		F	F	F	F
3	Spannung [kV]	G	-2,0	-2,0	-2,0
4		F	G	-0,5	G
5		F	F	F	F
6		F	F	G	F

G-Masse (Ground engl.); F-vom Potential getrennt (Floating engl.)

Tab. 5-2 Trennparameter: Werte der angelegten Potentiale in den Kanälen des mehrlagigen Chips bzw. Injektions- und Ausschleusezeiten für die Standardlösung von Säureanionen

5.4 Zweidimensionale Auftrennungen bei simultaner CCD-Detektion

In diesem Unterkapitel wird auf die Chipdesigns 2 und 3 (siehe Abb. 4-2 / Kapitel 4.1) eingegangen. Der Sinn der durchgeführten Messungen war sowohl ein selektives Ausschleusen bestimmter Fraktionen als auch deren sichere Überleitung in die Kanäle der nächsten Ebene zu demonstrieren. Zum ersten Mal wurden im Rahmen dieser Arbeit während der Durchführung von CE-Messungen zwei parallele CCD-Detektionen an zwei unterschiedlichen Stellen auf einem Chip realisiert.

5.4.1 Analytik kleiner anorganischen Ionen

Analytmischungen aus LiCl, NaCl, KCl, die so genannten "LiNaK"-Testlösungen, werden zum schnellen Austesten der Funktionalität hergestellter mikrofluidischen CE-Strukturen zur CCD eingesetzt [68]. Aus diesem Grund wurden Messungen mit dieser Analytmischung durchgeführt, welche nachfolgend dargestellt sind.

Messungen mit vierkanaliger CE-Struktur

Mit ein- bzw. dreilagigen Multikanal-CE-Chips aus PC nach Designs 2 und 3 konnten erste Auftrennungen von "LiNaK"-Testlösungen gezeigt werden

[133, 134]. Die getesteten Mikrostrukturen wurden anfangs zur schnellen Prototypenfertigung direkt in das Polymer gefräst (Abb. 5-14, Abb. 5-15), später mittels Heißprägen in höherer Stückzahl abgeformt (Abb. 5-17, Abb. 5-20).

In Abb. 5-14 und Abb. 5-15 sind die gemessenen Elektropherogramme aus der Separation der Probe (Messung in Kanal 3-4, Detektion CCD 1), Ausschleusen und Überleitung der einzelnen aufgetrennten Analytfraktionen (Messung in Kanal 7-8, Detektion CCD 2) und deren Reproduzierbarkeit dargestellt. Der Unterschied zwischen den beiden Abbildungen ist, dass die Messungen bei Abb. 5-14 mit einem einlagigen CE-Chip und bei Abb. 5-15 mit einem dreilagigen CE-Chip mit integrierter Membran entstanden sind. Daraus folgend resultieren andere Trennbedingungen beim Messen mit Chips verschiedener Designs. Die Trennparameter für die Elektropherogramme aus Abb. 5-14 sind in Tab. 5-3 aufgeführt.

Alle vier Prozessschritte, aufgezählt in Tab. 5-3, wurden automatisch gesteuert und ohne zeitliche Unterbrechung hintereinander durchgeführt. Eine Aufzeichnung der Messdaten fand nur während des letzten Vorgangs Separation 2 statt, deswegen wurden die beiden Elektropherogramme, aufgenommen am CCD 2, in Abb. 5-14 zeitlich versetzt erfasst. Alle weiteren Elektropherogramme, präsentiert in diesem Kapitel, wurden nach demselben Prinzip aufgezeichnet.

Design 2 (einlagig)					
Prozessschritte:		Injektion	Separation 1/CCD 1	Ausschleusen	Separation 2/CCD 2
Chip-Reservoir	Dauer [s]	3		3 für K^++Na^++Li^+	
1		0,5	F	F	F
2		G	F	F	F
3	Spannung [kV]	F	2,0	F	F
4		F	G	F	F
5		F	F	0,8	F
6		F	F	F	F
7		F	F	F	2,0
8		F	F	G	G

G-Masse (Ground engl.); F-vom Potential getrennt (Floating engl.)

Tab. 5-3   Trennparameter von "LiNaK"-Lösung: Werte der angelegten Potentiale in den Kanälen eines einlagigen Chips bzw. Injektions- und Ausschleusezeiten

Die Messkurve CCD 2 ist bei Abb. 5-14 in zwei Varianten gezeigt: 1. Ausschleusen und Überleitung von Na- und Li-Kationen (gekennzeichnet im Elektropherogramm mit Peaks 2 und 3); 2. Ausschleusen und Überleitung von K, Na- und Li-Kationen (gekennzeichnet im Elektropherogramm mit Peaks 1, 2 und 3). Eine Fraktionensammlung von ausgewählten nur K- oder nur Na-Kationen ist mit den eingesetzten Chips genauso reproduzierbar möglich (Daten nicht gezeigt).

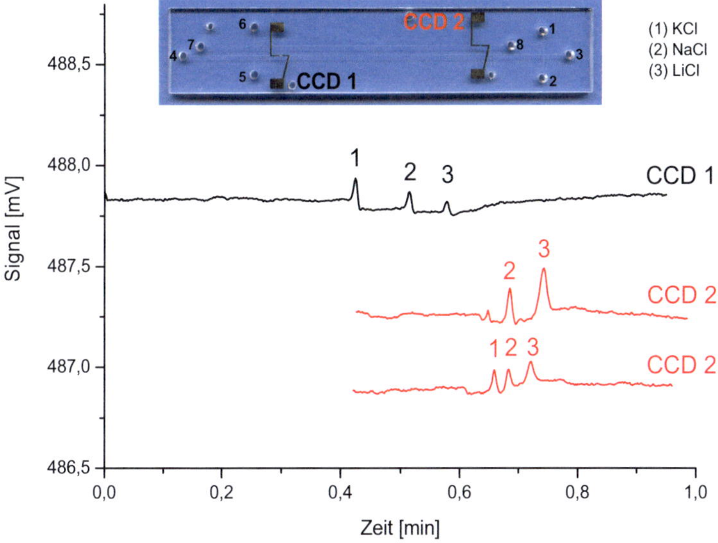

Abb. 5-14 Separation, Ausschleusen und Überleitung von Kationen aus einer Analytmischung von 0,25 mM LiCl, NaCl, KCl / Pufferlösung 10 mM Mes/His in einlagigen gefrästen CE-Chips mit 50 µm Deckelfolie

Die Tab. 5-4 zeigt die verwendeten Trennparameter bei einem dreilagigen CE-Chip mit integrierter PCTE-Membran. Um durch die Membran aufgetrennte Fraktionen von Kanal 3-4 in Kanal 5-6 durchschleusen und sie in Separationskanal 7-8 weitertransportieren zu können, wurden Optimierungen der Schaltprozesse der Hochspannung durchgeführt. Im Vergleich zum einlagigen Chip kommt hierbei ein zusätzlicher Schaltprozess zum Einsatz, der die Überleitung durch die Membran sicherstellt.

Design 2 (dreilagig)					
Prozessschritte:		Injektion	Separation 1/ CCD 1	Ausschleusen in Kanal 5-6	Überleitung in Kanal 7-8	Separation 2/ CCD 2
Chip-Reservoir	Dauer [s]	3		3 für $K^+ + Na^+$	3 für $K^+ + Na^+$	
1		0,5	F	F	F	F
2		G	F	F	F	F
3		F	2,0	2,0	F	F
4	Spannung [kV]	F	G	F	F	F
5		F	F	F	0,8	F
6		F	F	G	F	F
7		F	F	F	F	2,0
8		F	F	F	G	G

G-Masse (Ground engl.); F-vom Potential getrennt (Floating engl.)

Tab. 5-4   Trennparameter von "LiNaK"-Lösung: Werte der angelegten Potentiale in den Kanälen eines dreilagigen Chips bzw. Injektions- und Ausschleusezeiten

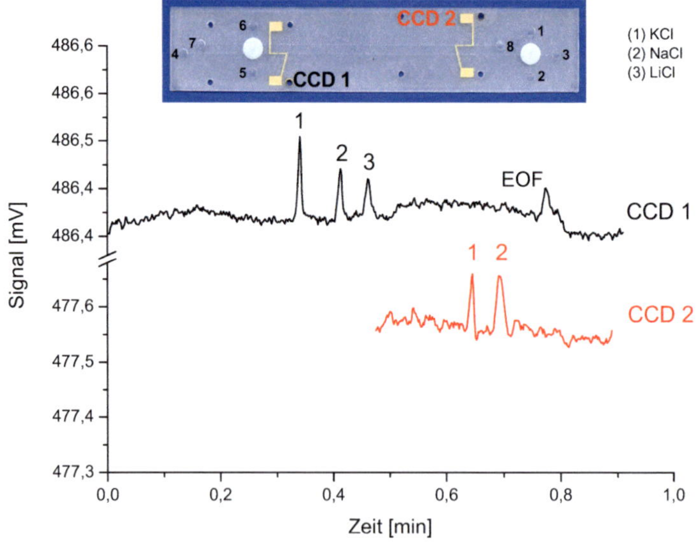

Abb. 5-15   Separation, Ausschleusen und Überleitung von Kationen aus einer Analytmischung von 1 mM LiCl, NaCl, KCl / Pufferlösung 10 mM Mes/His in dreilagigen CE-Chips mit PCTE-Membran

Erste CE-Messungen mit einem dreilagigen PEEK-Chip

Die doppelseitig laserstrukturierten Folienchips aus PEEK wurden bei Durchführung von CE-Messungen auf ihre Funktionsfähigkeit getestet (siehe hinzu Kapitel 4.4.2). Hierfür wurde das in dieser Arbeit entwickelte plasmaunterstütztes thermische Bondverfahren in drei Lagen auf seine Zuverlässigkeit überprüft (siehe hinzu Kapitel 4.4.3), wobei hauptsächlich auf die kritischen Stellen in der CE-Struktur insbesondere auf die Kanalkreuzungsbereiche geachtet wurde. Denn sowohl ein undichter oder verengter Trennkanal als auch ein nicht durchlässiges Injektionskreuz - beides Artefakte, welche durch das thermische Bondverfahren entstehen können - würden eine gute Analyttrennung verhindern.

Durch die erfolgte Injektion im Kanalkreuz des dreilagigen PEEK-Chips und die ersten Auftrennungen der Analytmischung "LiNaK" konnte die Funktionalität der gefertigten Struktur demonstriert werden. In Abb. 5-16 ist das entstandene Elektropherogramm aus der Separation der Probe dargestellt. Die elektrophoretische Messung erfolgt im ersten Separationskanal am CCD 1. Aufgrund des kleinen Abstands zum Detektor bzw. der geringen Bodenfoliendicke von 50 µm wurde eine ähnliche Messempfindlichkeit wie in [125] erreicht.

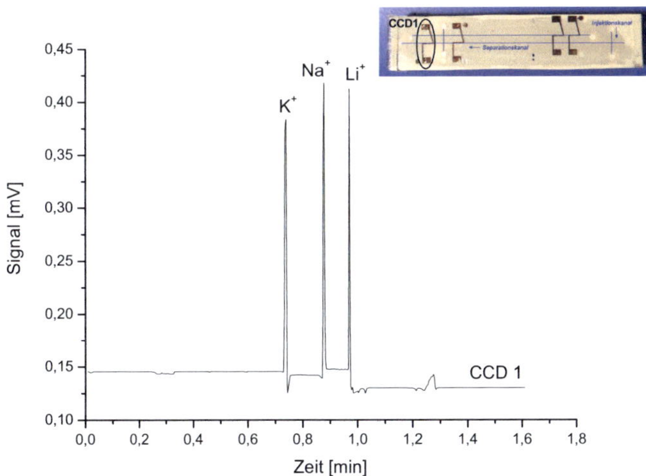

Abb. 5-16 Separation von Kationen aus einer Analytmischung von 1 mM LiCl, NaCl, KCl in Pufferlösung 10 mM Mes/His in dreilagigem laserstrukturierten PEEK-Chip bei folgenden Trennparametern:
Injektion: t_{Inj} = 3 s, E_{Inj} = 500 V/cm;
Trennung: t_{Sep} = 96 s, E_{Sep} = 230 V/cm

5.4.2 Lebensmittelanalytik

Die Lebensmittelanalytik ist ein Teil der analytischen Chemie, der sich mit der Bestimmung charakteristischer Hauptbestandteile von Lebensmitteln befasst. Das Ziel ist zum einen, die stoffliche Zusammensetzung und die Identität der Lebensmittel zu bestimmen und zum zweiten, die Qualität der Lebensmittel festzulegen und zu kontrollieren [135]. Zu einer der wichtigsten Lebensmittelgruppen gehören die Getränke beispielsweise Säfte, Erfrischungsgetränke oder Spirituosen, wie Bier oder Wein. Das breite Anwendungsspektrum organischer Säuren, der so genannten Fruchtsäuren in der Lebensmittelindustrie macht deren Untersuchung und Nachweiskontrolle besonders interessant. Organische Säuren werden verbreitet zur Aromabildung oder zur zusätzlichen Säuerung in Getränken eingesetzt. Darüber hinaus sind sie aufgrund ihrer antimikrobiellen und antioxidativen Wirkung wichtig für die Haltbarkeit der Lebensmittel.

Für die Getränkeanalytik werden analytische Techniken benötigt, die schnell, einfach zu handhaben, zuverlässig und kostengünstig sind. Diese Anforderungen werden durch die Kapillarelektrophorese erfüllt. Mittels Kapillarelektrophorese in Form eines Lab-on-a-Chip-Systems ist beispielsweise die gleichzeitige Bestimmung der wichtigsten organischen Säuren im Wein wie z. B. Weinsäure, Äpfelsäure, Zitronensäure, Essigsäure und Milchsäure möglich [65, 136]. Diese Applikation ist deswegen interessant, weil die nachgewiesenen Hauptsäurebestandteile Auskunft über die Qualität eines Weines sowohl bei der Herstellung als auch im fertigen Produkt geben können. Die Säuren im Wein haben direkten Einfluss auf den Geschmack und die Farbe. Eine vollständige Trennung aller Hauptsäuren ist bei sehr kurzen Trennstrecken aufgrund der ähnlichen elektrophoretischen Mobilität einiger der Säuren nicht immer möglich. Zur besseren Auftrennung könnte hierbei die 2D-CE zum Einsatz kommen.

Alle mehrlagigen, nach Design 2 und 3 gefertigten CE-Chips wurden auf ihre Funktionsfähigkeit am Beispiel der Auftrennungen von Standardmischung organischer Säuren und Weine als Testsubstanzen getestet. Abb. 5-17 zeigt einen nach Design 2 gefertigten dreilagigen CE-Chip aus PC. Wie schon im Kapitel 4 diskutiert wurde, wurden die Chips zuerst in dünne Polymerfolien abgeformt und danach mittels thermischer Bondverfahren zusammengefügt. Die gezeigten Messkurven in Abb. 5-18 und Abb. 5-19 wurden mit dem unten dargestellten CE-Chip aufgenommen.

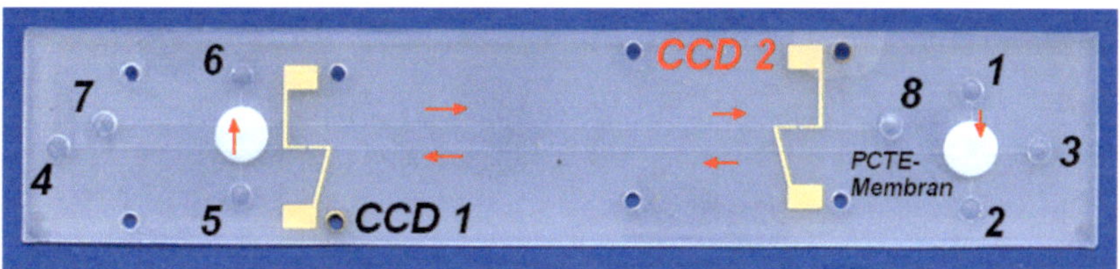

Abb. 5-17 Dreilagiger PC-CE-Chip nach Chipdesign 2 mit integrierter nanoporöser Membran und besputterten Goldelektroden zur CCD 1 bzw. CCD 2

Für alle im Folgenden beschriebenen CE-Messungen wurde zunächst als Hintergrundelektrolyt 10 mM Mes/His verwendet. Die Auftrennung von organischen Säuren fand somit im neutralen pH-Bereich statt (pH 6 bei 10 mM Mes/His). Die Weinproben wurden aufgrund der hohen Säurenkonzentration des verwendeten Weins zunächst mit einem Syringe Filter (Pall Corporation, Washington, USA) mit einer Porengröße von 0,1 µm gefiltert und danach im Hintergrundelektrolyten verdünnt. Optimale Ergebnisse wurden bei Verdünnung im Verhältnis 1:100 erreicht.

Nachfolgend wurden Simulationen zur Trennung von Hauptsäurebestandteilen in Wein mit dem Simulationsprogramm PeakMaster durchgeführt (Daten nicht gezeigt). Das Programm wurde von B. Gaš et al. an der Universität Prag entwickelt und steht frei zur Verfügung [137-139]. Damit können Trennparameter wie angelegte Feldstärken bei verschiedenen Trennstrecken variiert werden und somit optimale CE-Trennungen für eine bestimmte Analytmischung simuliert werden. Im Falle der Analyse der Hauptsäureanteile von Wein wurde der Einfluss verschiedener Pufferlösungen auf die Trennung untersucht. Mittels dieser Simulation wurde festgestellt, dass eine Pufferlösung aus 30 mM Mes und 10 mM His (pH 5,6 bei 30:10 Mes/His) zu besseren Separationen führt als das zunächst verwendete Puffersystem von 10 mM Mes/His. Dieser Puffer wurde deswegen bei der Durchführung von 2D-Trennungen in Trennkanal 7-8 eingesetzt (siehe Abb. 5-18 und Abb. 5-19 für Chipdesign 2, Abb. 5-22 und Abb. 5-23 für Chipdesign 3).

Die Separation, Ausschleusen und Überleitung von organischen Säuren wurden unter folgenden Trennparametern durchgeführt:

Design 2 (dreilagig)					
Prozessschritte:	Injektion	Separation 1/ CCD 1	Ausschleusen in Kanal 5-6	Überleitung in Kanal 7-8	Separation 2/ CCD 2
Chip-Reservoir	Dauer [s]	3		7 für WS, 13 für WS+ÄS	2 für WS 3 für WS+ÄS	
1		-0,7	F	F	F	F
2		F	F	F	F	F
3	Spannung [kV]	G	-4,0	-2,0	F	F
4		F	G	-0,5	F	F
5		F	F	F	-0,8	F
6		F	F	G	-0,1	F
7		F	F	F	F	-2,0
8		F	F	F	G	G

G-Masse (Ground engl.); F-vom Potential getrennt (Floating engl.);
WS-Weinsäure; ÄS-Äpfelsäure

Tab. 5-5 Trennparameter von organischen Säuren: Werte der angelegten Potentiale in den Kanälen eines dreilagigen Chips bzw. Injektions- und Ausschleusezeiten

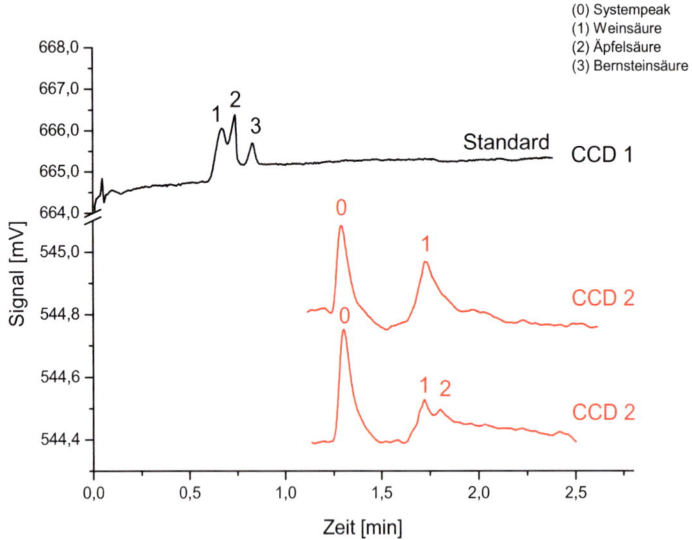

Abb. 5-18 Separation und Ausschleusen von organischen Säuren aus einer 0,5 mM Standardlösung; Pufferlösung 10 mM Mes/His
CCD 1: Messung in Trennkanal 3-4;
CCD 2: Messung in Trennkanal 7-8 nach Überleitung von Weinsäure und 2D-Trennung von Weinsäure und Äpfelsäure

Die angelegten elektrischen Feldstärken in den beiden Separationskanälen wurden unterschiedlich variiert (Tab. 5-5 und Tab. 5-6). Somit wurden 2D-Trennungen von organischen Säuren unter verschiedenen elektrischen Bedingungen durchgeführt. Der erste Separationsvorgang (Separation 1 in Tab. 5-5) wurde bei einer Trennspannung von -4 kV und der zweite (Separation 2 in Tab. 5-5) bei einer Trennspannung von -3 kV realisiert. Dies führte zur besseren Auftrennung der Weinsäure von Äpfelsäure in der Referenzlösung (Abb. 5-18, zweite Messkurve am CCD 2) und in Weißwein Chardonnay 2003 (Abb. 5-19, zweite Messkurve am CCD 2).

Design 2 (dreilagig)						
Prozessschritte:		Injektion	Separation 1/ CCD 1	Ausschleusen in Kanal 5-6	Überleitung in Kanal 7-8	Separation 2/ CCD 2
Chip-Reservoir	Dauer [s]	2		7 für WS, 7 für WS+ÄS	2 für WS 3 für WS+ÄS	
1		-0,7	F	F	F	F
2		F	F	F	F	F
3	Spannung [kV]	G	-4,0	-4,0	F	F
4		F	G	-0,5	F	F
5		F	F	F	-1,0	F
6		F	F	G	-0,1	F
7		F	F	F	F	-3,0
8		F	F	F	G	G

G-Masse (Ground engl.); F-vom Potential getrennt (Floating engl.);
WS-Weinsäure; ÄS-Äpfelsäure

Tab. 5-6 Trennparameter von organischen Säuren in Wein: Werte der angelegten Potentiale in den Kanälen eines dreilagigen Chips bzw. Injektions- und Ausschleusezeiten

Bei den durchgeführten CE-Messreihen konnte gezeigt werden, dass sowohl einzelne als auch mehrere aufgetrennte Analytkomponenten vom ersten Separationskanal 3-4 in den zweiten Separationskanal 7-8 reproduzierbar überführt werden können [140]. Gleichzeitig konnte auch gezeigt werden, dass zwei Detektorpaare (CCD 1 bei 1 MHz und CCD 2 bei 3,8 MHz) auf einem Chip gleichzeitig betrieben werden können ohne sich gegenseitig zu beeinflussen.

Das nach der Separation 1 am CCD 1 aufgenommene Elektropherogramm in Abb. 5-19, zeigt die Trennung der Hauptsäurebestandteile und somit den Fingerprint des Weißweins Chardonnay des Jahrgangs 2001. Die Weinsäure und die Äpfelsäure sind die wichtigsten organischen Säuren der Weinbeere.

Die Konzentration beider Säuren ändert sich während der Reifung der Weintraube. Geschmacklich sind sie beide voneinander nicht zu unterscheiden. Die Konzentration an Säure ist für die chemische Beständigkeit des Weines von Bedeutung. Sie ist über die bevorstehenden Entsäuerungsprozesse während der Weinherstellung entscheidend [141]. Je höher der Anteil an Säure ist, desto besser ist sein Alterungspotential und umso höher ist die Qualität des Weines. Die Konzentration der Äpfelsäure in den Beeren hängt teilweise von der Rebsorte ab. Manche Sorten verfügen über einen natürlich hohen Anteil an Äpfelsäure. Eine hohe Menge Gesamtsäure im Wein entspricht immer einer hohen Menge an Äpfelsäure, wobei diese Menge vom Jahrgang, dem Mikroklima und dem Anbaugebiet der Weintrauben abhängig ist. Bei der Durchführung einer malolaktischen Gärung, auch als biologischer Säureabbau (BSA) bezeichnet, kann die Konzentration der Äpfelsäure im Wein gezielt beeinflusst werden [142]. Während eines BSAs wird die Äpfelsäure durch die Milchsäurebakterien in die mildere Milchsäure umgewandelt, wobei als Nebenprodukt zusätzlich Kohlensäure entsteht. Die Bestimmung von Äpfelsäure ist speziell zur Kontrolle des BSAs von großer Bedeutung. Ein unkontrollierter Säureabbau kann zu Trübung oder unerwünschter Geschmacksveränderung des Weines führen.

Die Weinsäure und die Äpfelsäure sind aufgrund ihrer ähnlichen Wanderungsgeschwindigkeiten im neutralen pH-Bereich auf der Trennstrecke von 60 mm des dreilagigen CE-Chips nicht vollständig von einander getrennt. Wie aus dem Elektropherogramm am CCD 2 in der Abb. 5-19 ersichtlich wird, ist die Äpfelsäure bei dem untersuchten Weißwein die Hauptkomponente mit der höchsten Konzentration.

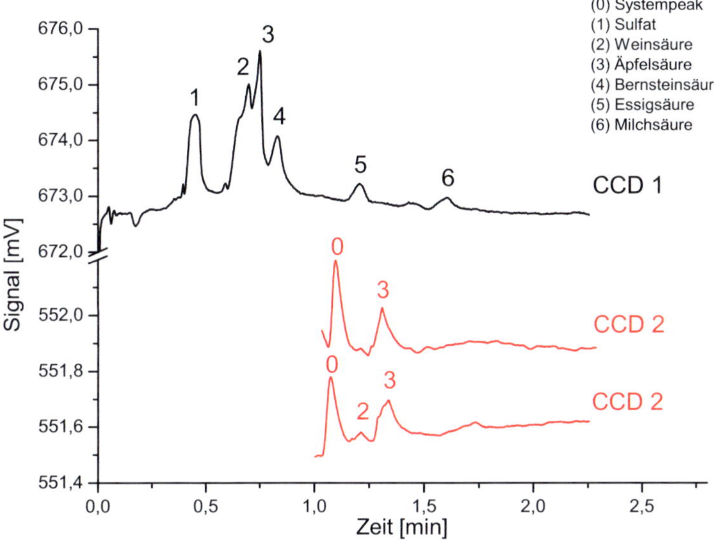

Abb. 5-19   Separation und Ausschleusen von organischen Säuren in Weißwein Chardonnay 2001 (1:100 Verdünnung in Pufferlösung)
CCD 1: Trennung des Weines in Trennkanal 3-4, eingefüllt mit Pufferlösung 10 mM Mes/His (pH 6), E_{Sep1} = 460 V/cm;
CCD 2: Überleitung von Äpfelsäure und 2D-Trennung von Weinsäure und Äpfelsäure in Trennkanal 7-8, eingefüllt mit Pufferlösung 30:10 Mes/His (pH 5,6), E_{Sep2} = 285 V/cm

In den aufgenommenen Elektropherogrammen nach Separation 2 treten Systempeaks auf (bezeichnet in Abb. 5-18 und Abb. 5-19 mit Peaknummer 0), hervorgerufen durch den Schaltprozess bei der Überleitung der aufgefangenen Analytkomponenten durch die integrierte Membran in Kanal 7-8. Genaue Angaben dazu sind in Tab. 5-5 und Tab. 5-6 in der Spalte "Überleitung in Kanal 7-8" zu entnehmen. Bei dieser Art Schaltung treten die sog. "corner effects", beschrieben in [49, 143] auf. Infolge dessen wird der von Kanal 3-4 in Kanal 7-8 zu überführende Analytpfropfen deutlich reduziert. Dies führt einerseits zu Bandenverbreiterung und andererseits zur Abnahme der Signalintensität der Peaks in den Elektropherogrammen nach Separation 2 / CCD 2. Bei einer Standard-Schaltung, welche identisch zur Schaltung bei der Separation 1 ist (genaue Angaben dazu in Tab. 5-5 und Tab. 5-6 in der Spalte "Separation 1 / CCD 1"), wäre der Transport der aufgefangenen Fraktionen, in diesem Fall die negativ geladene Anionengruppe der organischen Säuren, durch die Membran nicht sichergestellt. Der Grund dafür ist, dass die in dieser Arbeit verwendete PCTE-Membran, mit Polyvinylpyrrolidon (PVP) zur Hydrophilisierung der Membranoberfläche vom Hersteller beschichtet ist. Die Polymeroberfläche wird dadurch positiv geladen. Dabei nimmt der EOF in den Membranporen in positiver Richtung zusätzlich zu, so dass er bei der Trennung von negativ geladenen Teilchen in die entgegengesetzte Flussrichtung wirkt. Ausführliche Studien dazu wurden von Kuo et al. durchgeführt [144].

Andere mögliche Ursachen zum Auftreten von Systempeaks in den entstandenen Elektropherogrammen könnte die Verwendung zweier Pufferlösungen mit verschiedenen pH-Werten in den Kanälen 3-4 und 7-8 sein. Die zu untersuchende Weinprobe wurde vor dem Beginn der CE-Messungen in 10 mM Mes/His Pufferlösung bei pH 6 verdünnt. Nach der ersten Auftrennung in Kanal 3-4, gefüllt mit Pufferlösung 10 mM Mes/His (pH 6), wurde die Weinprobe zur weiteren Auftrennung in Kanal 7-8, gefüllt mit Pufferlösung 30:10 Mes/His (pH 5,6) transportiert. Über die Theorie der Systempeaks und deren Vorkommen wird in [145-148] berichtet.

Messungen mit Chips gefertigt nach Design 3

Ein nach Design 3 gefertigter CE-Chip ist in Abb. 5-20 dargestellt. Die Richtung des Fluidtransports im Mikrokanalsystem ist durch rote Pfeile gekennzeichnet, wobei die zu analysierende Probe in Reservoir 1 einpipettiert wird. Der Unterschied zu Chipdesign 2 ist hier, dass die nanoporöse PCTE-Membran nur im Injektionsbereich integriert ist (rechts auf dem Bild) und im zweiten Kreuzungsbereich nicht (links auf dem Bild). Ohne die Membran an dieser zweiten Kreuzungsstelle wird die gesammelte Probenmenge aus der ersten Trennung vergrößert und somit deutlich größere Peakauflösung bei der zweiten Detektion der 2D-CE erzielt (vergleiche Abb. 5-19 mit Abb. 5-22).

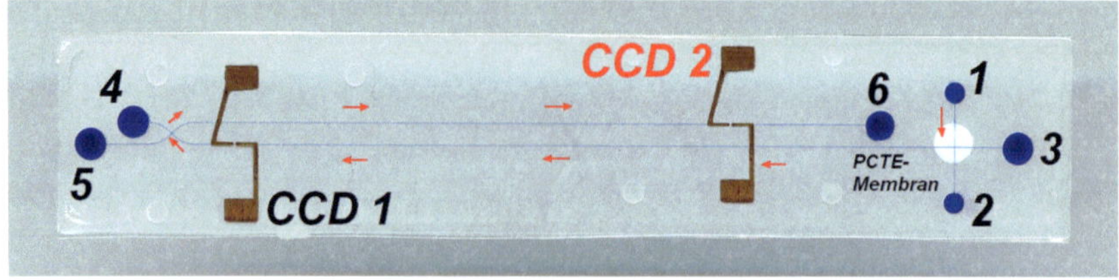

Abb. 5-20   Dreilagiger PC-CE-Chip nach dem Chipdesign 3 mit integrierter Membran nur im Injektionsbereich und besputterten Goldelektroden zur CCD 1 bzw. CCD 2

Die in Abb. 5-21, Abb. 5-22, Abb. 5-23 dargestellten Elektropherogramme zeigen zunächst eine Trennung in der ersten Dimension in Trennkanal 3-4 und die erste Detektion CCD 1 (in schwarz gekennzeichnet) bzw. eine Trennung in der zweiten Dimension in Trennkanal 5-6 und die zweite Detektion CCD 2 (in rot gekennzeichnet). Die in Tab. 5-7 beschriebene Schaltprozesse sind alle gleich für die nachfolgend dargestellten Elektropherogramme.

Design 3 (dreilagig)					
Prozessschritte:		Injektion	Separation 1/ CCD 1	Überleitung in Kanal 5-6	Separation 2/ CCD 2
Chip-Reservoir	Dauer [s]	3		2 für WS+ÄS+ZS	
1		-0,7	F	F	F
2		F	F	F	F
3	Spannung [kV]	G	-4,0	-4,0	F
4		F	G	F	F
5		F	F	F	-3,0
6		F	F	G	G

G-Masse (Ground engl.); F-vom Potential getrennt (Floating engl.);
WS-Weinsäure; ÄS-Äpfelsäure; ZS-Zitronensäure

Tab. 5-7   Trennparameter von organischen Säuren in Wein: Werte der angelegten Potentiale in den Kanälen eines dreilagigen Chips bzw. Injektions- und Ausschleusezeiten

In Abb. 5-21 wird zunächst die Separation einer Referenzlösung aus Weinsäure, Äpfelsäure, Zitronensäure und Bernsteinsäure und deren Überleitung zur besseren Auftrennung der Äpfelsäure von Zitronensäure gezeigt. Mittels der organischen Standardsäuren wurde untersucht, ob eine Analyse dieser Art mit den hergestellten Chips überhaupt möglich ist. Anschließend werden die Fingerprints aus den Untersuchungen an Weinproben eines Weißweins Chardonnay 2003 in Abb. 5-22 und eines Rotweins Mavrud 1999 in Abb. 5-23 dargestellt.

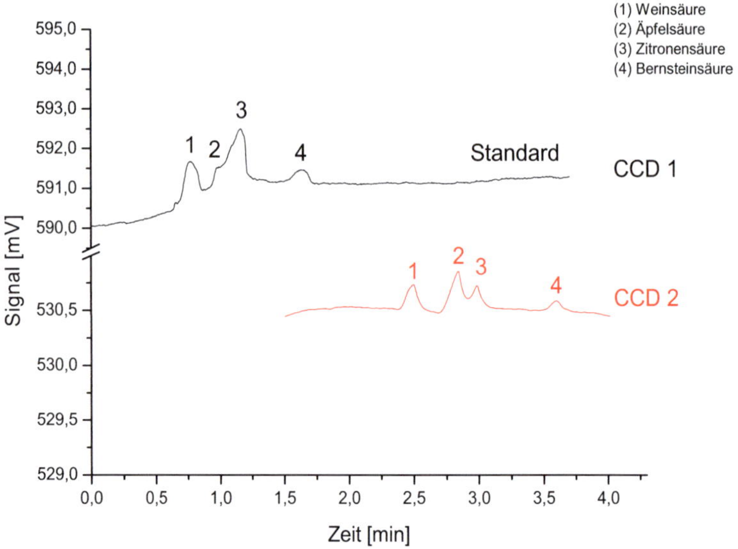

Abb. 5-21   2D-Separation von organischen Säuren aus einer 0,5 mM Standardlösung; Pufferlösung 30:10 mM Mes/His
CCD 1: Messung in Trennkanal 3-4;
CCD 2: 2D-Trennung von Äpfelsäure und Zitronensäure in Trennkanal 5-6

Nach Durchführung von Simulationen zur Trennung der Hauptsäurebestandteile des Weins mit dem Simulationsprogramm PeakMaster wurde untersucht, ob eine vollständige Separation von allen Hauptkomponenten des Weins auf der kurzen Trennstrecke von 66 mm bei einer Trennspannung von -4 kV in einem einzigen Trennvorgang erreicht werden kann. Es wurde dabei überprüft, ob und bei welchen Bedingungen die Analyse einer Weinprobe zur Demonstration einer 2D-Trennung mittels CE zweckmäßig wäre. Die Simulationsergebnisse zeigten dabei, dass eine vollständige Trennung der Äpfelsäure von Zitronensäure und der Sulfate von Nitraten auf der kurzen Trennstrecke bei den gewählten Trennparametern nicht möglich ist (Daten nicht gezeigt).

Zur Realisierung und Optimierung einer 2D-CE-Trennung von Weißwein und Rotwein wurden im Rahmen der durchgeführten Versuche sowohl die elektrischen als auch die chemischen Trennparameter gleichzeitig variiert. Während der Weinanalyse auf einem CE-Chip konnten optimale Ergebnisse für beide Weine durch den parallelen Einsatz einer 10 mM Mes/His Pufferlösung bei pH 6, eingefüllt in Trennkanal 3-4, und einer Pufferlösung aus 30 mM Mes und 10 mM His bei pH 5,6, eingefüllt in Trennkanal 5-6, erzielt werden. Die Variation der angelegten elektrischen Potentiale führte zu Unterschieden bei der Analyse der beiden Weine, wobei der Weißwein bei einer Trennspannung von -2 kV und der Rotwein bei einer Trennspannung von -3 kV vollständig separiert wurde (beide in rot gekennzeichnet in Abb. 5-22 und Abb. 5-23).

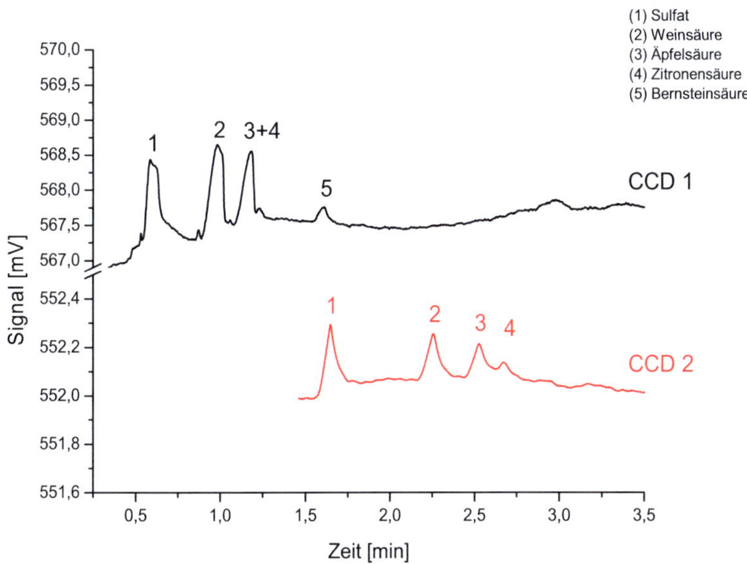

Abb. 5-22 2D-Separation von organischen Säuren in Weißwein Chardonnay 2003 (1:100 Verdünnung in Pufferlösung 10 mM Mes/His),
CCD 1: 1D-Trennung des Weines in Trennkanal 3-4, eingefüllt mit Pufferlösung 10 mM Mes/His (pH 6), E_{Sep1} = 480 V/cm;
CCD 2: 2D-Trennung von Äpfelsäure und Zitronensäure in Trennkanal 5-6, eingefüllt mit Pufferlösung 30:10 Mes/His (pH 5,6), E_{Sep2} = 270 V/cm

Im entstandenen Elektropherogramm nach der ersten Auftrennung des Weißweins Chardonnay des Jahrgangs 2003, in Abb. 5-22 in schwarz gekennzeichnet, zeigte sich kein separater Peak für die Zitronensäure sondern nur ein Peak für die Äpfel-/Zitronensäure. Nach der durchgeführten 2D-CE-

Trennung, in Abb. 5-22 in rot gekennzeichnet, wurde die Zitronensäure von der Äpfelsäure vollständig getrennt und somit im Weißwein nachgewiesen.

Die Zitronensäure entsteht als ein Nebenprodukt bei der alkoholischen Gärung des Weines. Bei einem BSA wird sie ähnlich wie die Äpfelsäure zu Milchsäure abgebaut. In einer bestimmten Menge darf die Zitronensäure dem Wein auch nachträglich zugesetzt werden. Ihr Zusatz führt zu Weinstabilisierung beispielsweise gegen Metalltrübungen im Wein [142]. Der Nachweis von Zitronensäure ist deshalb wichtig, weil er Aufschluß darüber gibt, wieviel Zitronensäure in einem Wein ohne Zusatz vorhanden ist und welche Menge bis zum Erreichen der maximal zulässigen Obergrenze zugegeben werden kann [141].

Neben den organischen Hauptbestandteilen des Weins sind auch die anorganischen Komponenten wie Chloride, Sulfate, Nitrate und deren Bestimmung für die Weinanalytik von entscheidender Bedeutung. Um die alkoholische Gärung regulieren zu können, werden bei der Weinherstellung dem Most oder Wein Schwefeldioxid, schweflige Säure oder Sulfite zugesetzt [149]. Die Sulfate haben eine antimikrobielle Wirkung, wobei sie den Wein gegen Hefen und Bakterien schützen. Sie wirken ebenfalls antioxidativ und dienen somit als Oxydationsschutz und Konservierungsmittel des Weines [150]. Die Weinqualität wird über eine bestimmte Konzentration der Sulfate hinaus beeinflusst und somit verändert. Ein hochwertiger Wein von guter Qualität soll möglichst kleine Menge an Sulfaten enthalten.

Nitrate sind in der Regel in kleinen Konzentrationen im Wein vorhanden. Sie sind mit den gängigen gravimetrischen Methoden sehr schwer nachzuweisen [150]. Eine überhöhte Stickstoffdüngung der Erde würde zu einer Erhöhung der Nitratgehalte im Most oder Wein führen.

Beim untersuchten Rotwein Mavrud konnten nach der Durchführung einer 2D-CE Sulfate von Nitraten getrennt werden (Abb. 5-23). Diese CE-Messung präsentiert somit ein interessantes Anwendungsbeispiel der eingesetzten 2D-CE. Eine vollständige Separation der beiden anorganischen Komponenten ist auf der kurzen Trennstrecke nur in einem einzigen Trennvorgang nicht möglich. Der Rotwein Mavrud des Jahrgangs 1999 ist ein hochwertiger trockener Rotwein aus der südlichen Region Bulgariens, der sog. Thrakischen Tiefebene. Mavrud ist eine alte autochthone einheimische Rebsorte, die seit Urzeiten nach alter Tradition nur in Bulgarien angebaut wird [151-153]. Mavrudweine sind deswegen für die Weinanalytik interessant, weil sie von Natur aus besonders säurereiche Weine mit einem hohen Alkoholgehalt sind.

Diese extraktreichen Weine können aufgrund ihres hohen Tanningehalts über Jahrzehnte gelagert werden.

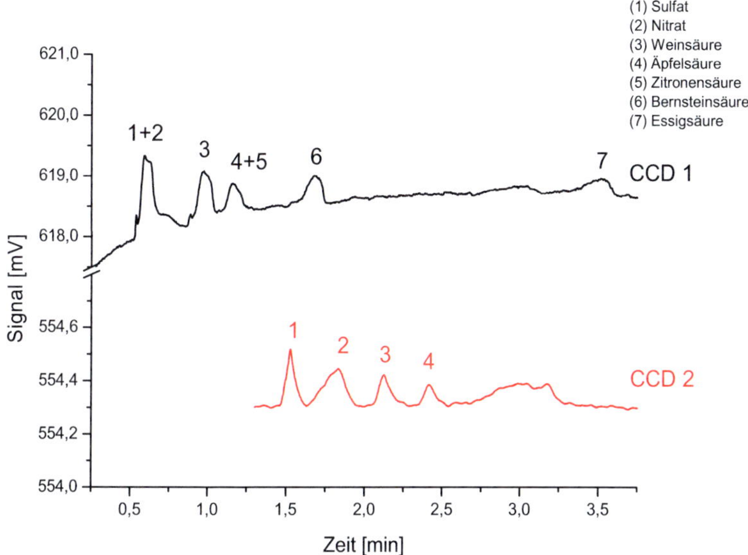

Abb. 5-23 2D-Separation von organischen Säuren in Rotwein Mavrud 1999 (1:100 Verdünnung in Pufferlösung 10 mM Mes/His), **CCD 1**: 1D-Trennung des Weines in Trennkanal 3-4, eingefüllt mit Pufferlösung 10 mM Mes/His (pH 6), E_{Sep1} = 480 V/cm; **CCD 2**: 2D-Trennung von Sulfat und Nitrat in Trennkanal 5-6, eingefüllt mit Pufferlösung 30:10 Mes/His (pH 5,6), E_{Sep2} = 400 V/cm

5.4.3 Bioanalytik

Die vorgestellte Trennung von Aminosäuren mit den hergestellten mehrlagigen CE-Strukturen ist ein möglicher Einsatz der 2D-CE-Chips in der Bioanalytik.

Proteine sind die Grundbaustoffe der Zellen aller Lebewesen. Sie stellen neben den Kohlenhydraten und den Fetten eine wichtige Energiequelle des menschlichen Körpers dar. Proteine bestehen aus zahlreichen Aminosäuren, die so genannten proteinogenen Aminosäuren, die kettenförmig miteinander verbunden sind. Aminosäuren spielen z. B. beim Muskelaufbau, bei der Bildung von Hormonen, Antikörpern und Enzymen eine wichtige Rolle im menschlichen Körper. Besondere Bedeutung kommt ihnen beim gesunden Ablauf aller Stoffwechselprozesse im Körper und als Bausteine für das körpereigene Immunsystem zu. Der Gehalt der Aminosäuren im Protein kann durch deren qualitative und quantitative Bestimmung nachgewiesen werden [154].

Nachweis und Trennung von Aminosäuren sind mit verschiedenen Trenntechniken möglich. Zu den chromatographischen Trennverfahren zählen die Ionenaustauschchromatographie, die Dünnschichtchromatographie und die Hochleistungs-Flüssigkeitschromatographie (HPLC) [154]. In der Literatur wird über Trennungen auf einem mikrofluidischen Chip mittels μCZE (*engl. microchip-based capillary-zone electrophoresis*) [155-157], μCEC (*engl. microchip-based electrochromatography*) [158] und MEKC (Micellare elektrokinetische Chromatographie) [159] berichtet.

Die Detektion von aufgetrennten Aminosäuren ist sowohl durch optische Detektionsverfahren wie z. B. LIF (Laserinduzierte Fluoreszenzspektroskopie) [160, 161] als auch durch elektrochemische Verfahren wie beispielsweise die amperometrische Detektion [157, 162, 163] oder durch die Leitfähigkeitsdetektion [65, 69, 164, 165] möglich. Als Vorteile der kontaktlosen Leitfähigkeitsdetektion im Gegensatz zu den anderen erwähnten Detektionsverfahren werden hierbei die lange Lebensdauer des Detektors, bestimmt durch den berührungslosen Kontakt der Messelektroden mit dem Messmedium, die labelfreie Durchführung der Auftrennung und Detektion von Aminosäuren und die besondere Eignung des Detektors für eine Miniaturisierung [128, 166] bezeichnet.

Mehrdimensionale Trennungen von verschiedenen Aminosäuren auf einem Mikrochip, gefertigt aus PDMS [50] und / oder PDMS-Glas [167], wurden bereits mittels CE auf sehr kurze Trennstrecken im Bereich von 30 mm bis 48 mm bei Analysezeiten von weniger als einer Minute durchgeführt. Die Detektion erfolgte bei beiden mikrofluidischen Systemen optisch mittels LIF, wobei die Aminosäuren mit Fluoresceinmarkern markiert wurden.

Mit CCD wurden bereits CE-Trennungen von Aminosäuren in 80 cm langen Standard-Glaskapillaren bei typischen Analysezeiten von 30 Minuten realisiert [168]. Auf einem CE-Chip, gefertigt aus Glas, wurden Aminosäuren im stark alkalischen Puffer (pH 10,8) auf einer Trennstrecke von 80 mm und bei Analysezeiten innerhalb einer Minute aufgetrennt und mit CCD detektiert [169]. In stark sauren Puffersystemen (pH 2,1) wurden essentielle Aminosäuren auf einem planaren PMMA-Chip bei einer Trennstrecke von 85 mm und Analysezeiten von vier Minuten separiert und mit CCD detektiert [165], wobei Arginin und Histidin nicht vollständig voneinander getrennt wurden.

Analyse von essentiellen Aminosäuren

Essentielle Aminosäuren sind lebensnotwendige Aminosäuren, die der menschliche Körper unbedingt zum Überleben braucht, aber nicht selber aufbauen kann – da er sie nicht selber synthetisieren kann. Sie sind in der Nahrung enthalten und werden so meistens durch Lebensmittel in den Organismus aufgenommen. Von entscheidender Bedeutung sind hierbei ihre Konzentration in den Nahrungsmitteln und ihre ausgeglichene Mischung im menschlichen Körper. Deswegen ist die Analyse von essentiellen Amino-säuren sehr wichtig.

Zu den essentiellen Aminosäuren gehören Lysin, Valin, Isoleucin, Leucin, Threonin, Methionin, Tryptophan, Phenylalanin. Als semi-(bedingt)-essentielle Aminosäuren werden Arginin und Histidin bezeichnet [170]. Sie sind für Heranwachsende bei bestimmten Wachstumsphasen oder während der Genesung eines Menschen als essentiell bestimmt. Nicht-essentielle Amino-säuren, die vom Körper selbst hergestellt werden können, sind Glycin, Alanin, Serin, Asparaginsäure, Asparagin, Glutaminsäure, Glutamin, Cystein, Tyrosin und Prolin.

Vor dem Start der Versuchsreihe zur CE-Trennung von Aminosäuren wurden zunächst Simulationen mit dem Simulationstool PeakMaster [137, 138] durch-geführt. Auf der kurzen Trennstrecke von 66 mm (siehe Anhang A-Chip-geometrie) zeigten die Simulationsergebnisse eine unvollständige Trennung von einigen der Aminosäuren wie z. B. Arginin und Histidin, Threonin, Methio-nin und Tryptophan. Im elektrischen Feld haben diese Aminosäuren sehr ähn-liche Wanderungsgeschwindigkeiten bzw. Migrationszeiten und sind somit auf kurzen Trennstrecken schwer zu trennen. Es wurde überprüft, ob die zur 2D-CE ausgelegten mehrlagigen Chips hierbei dieses Problem lösen können.

Die CE-Messungen, durchgeführt mit den mehrlagigen Chips, wurden anhand eines Gemisches aus Standardaminosäurenlösung realisiert. Die Elektrophe-rogramme, dargestellt in Abb. 5-24, Abb. 5-25 und Abb. 5-26, entstanden bei gleichen Trennbedingungen. Folgende Trennparameter wurden zur Durchfüh-rung von Injektion, Separation 1, Ausschleusen / Überleitung und Separation 2 der Aminosäuren in einem dreilagigigen CE-Chip verwendet:

Design 3 (dreilagig)				
Prozessschritte:	Injektion	Separation 1/ CCD 1	Überleitung in Kanal 5-6	Separation 2/ CCD 2
Chip-Reservoir Dauer [s]	2		1 für Arg+His, Thr+Met	
1	0,8	F	F	F
2	F	F	F	F
3	G	4,0	3,0	F
4	F	G	F	F
5	F	F	F	2,0
6	F	F	G	G

G-Masse (Ground engl.); F-vom Potential getrennt (Floating engl.);
Arg-Arginin; His-Histidin; Thr-Threonin; Met-Methionin

Tab. 5-8 Trennparameter von essentiellen Aminosäuren: Werte der angelegten Potentiale in den Kanälen eines dreilagigen Chips bzw. Injektions- und Ausschleusezeiten

Die Auswahl eines geeigneten Hintergrundelektrolyten für die Trennung von Aminosäuren mittels CE-CCD wird durch den amphoteren Charakter der Aminosäuren bestimmt. Die Aminosäuren verhalten sich in neutralen wässrigen Lösungen bei pH 7 als Zwitterionen, wobei ihre Seitenkette und Ladung neutral bleibt, d. h. sie enthält eine protonierte Aminogruppe und eine deprotonierte Carboxylgruppe. Eine CE-CCD Messung von Aminosäuren in einem Puffersystem mit neutralem pH-Wert wäre somit nicht möglich. Bei relativ starken sauren oder basischen Bedingungen verlieren die Aminosäuren ihre zwitterionische Form und können dementsprechend als Kationen oder Anionen analysiert werden. Als Hintergrundelektrolyt wurde somit ein stark saueres Puffersystem (pH 1,9 bis pH 2,3) ausgewählt. Ausschlaggebend dafür war die ausreichende chemische Beständigkeit des Polycarbonats gegen schwache und starke organische Säuren. Gegen starke Laugen ist Polycarbonat nicht beständig [74]. Die Simulationen mit PeakMaster zeigten, dass die Essigsäure als Puffer für Trennung von Aminosäuren mit höherer Konzentration mit Kombination der CCD-Technik gut geeignet ist. Von Optimierungen einiger Puffersysteme, eingesetzt zur Separation von Aminosäuren bei stark sauren Bedingungen, wurde in [168] berichtet. Gemäß der erwähnten Literatur wurde HEC (Hydroxyethylcellulose) als zusätzliche Komponente zum Puffersystem, bestehend aus Essigsäure, hinzugefügt. Dies führte zu stabilem Basislinienverlauf der Messung, hoher Trenneffizienz und besserer Reproduzierbarkeit der Migrationszeiten der Aminosäuren.

Abb. 5-24 und Abb. 5-25 zeigen die entstandenen elektrophoretischen Auftrennungen von acht essentiellen Aminosäuren mit einer Konzentration von 0,5 mM. Die Separation 1 (Tab. 5-8) fand im Kanal 3-4 des verwendeten Chips (vergleiche Abb. 5-20) statt. Der Kanal 3-4 wurde mit Pufferlösung 2 M Essigsäure (pH 2,25) und 0,1 % HEC gefüllt. Die Separation 2 (Tab. 5-8) wurde in Trennkanal 5-6, eingefüllt mit Pufferlösung 8 M Essigsäure (pH 1,95) und 0,1 % HEC, durchgeführt.

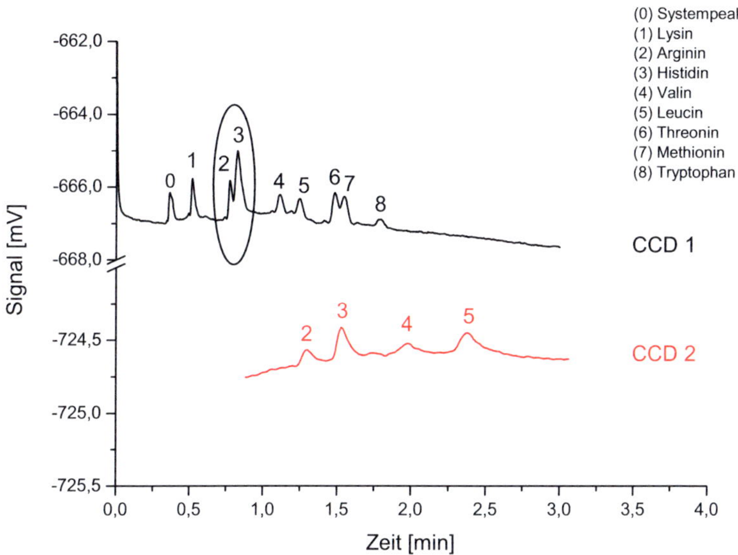

Abb. 5-24 Auftrennung von 8 essentiellen Aminosäuren (Konzentration: 0,5 mM)
CCD 1: 1D-Trennung in Trennkanal 3-4, eingefüllt mit Pufferlösung 2 M Essigsäure (pH 2,25) + 0,1 % HEC, E_{Sep1} = 480 V/cm;
CCD 2: 2D-Trennung von Arginin (2) und Histidin (3) in Trennkanal 5-6, eingefüllt mit Pufferlösung 8 M Essigsäure (pH 1,95) + 0,1 % HEC, E_{Sep2} = 270 V/cm

Zwei Detektionen wurden parallel an zwei Stellen des mehrlagigen CE-Chips durchgeführt (siehe CCD 1 und CCD 2). Auf den gezeigten Elektropherogrammen (Messkurve CCD 1) sieht man deutlich, dass Arginin (2) und

Histidin (3) in Abb. 5-24 bzw. Threonin (6) und Methionin (7) in Abb. 5-25 bei der ersten Separation nicht vollständig von einander getrennt sind. Mit der zweiten Detektion CCD 2 konnte gezeigt werden, dass die beiden Fraktionen nach deren Überführung in Kanal 5-6 besser aufgetrennt sind. Dies resultiert daraus, dass im zweiten Trennkanal die verwendete Pufferlösung mit höherer Konzentration eingesetzt und bei geringerer Trennspannung separiert wurde.

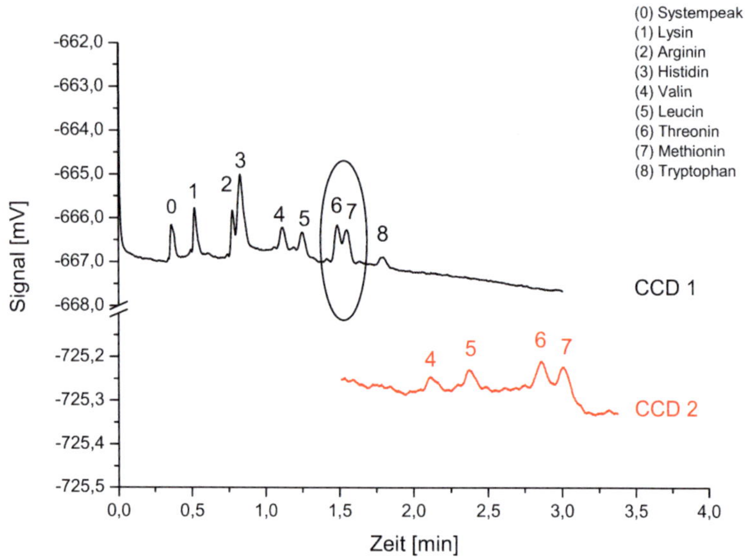

Abb. 5-25 Auftrennung von 8 essentiellen Aminosäuren (Konzentration: 0,5 mM) **CCD 1**: 1D-Trennung in Trennkanal 3-4, eingefüllt mit Pufferlösung 2 M Essigsäure (pH 2,25) + 0,1 % HEC, E_{Sep1} = 480 V/cm; **CCD 2**: 2D-Trennung von Threonin (6) und Methionin (7) in Trennkanal 5-6, eingefüllt mit Pufferlösung 8 M Essigsäure (pH 1,95) + 0,1 % HEC, E_{Sep2} = 270 V/cm

In den aufgenommen Elektropherogrammen in Abb. 5-24, Abb. 5-25 und Abb. 5-26 (Messkurve CCD 1) nach der Trennung von Aminosäuren traten Systempeaks (0) auf, ähnlich wie bei den dargestellten Messungen in Kapitel 5.4.2 . Die Systempeaks sind stark von der Zusammensetzung des Puffersystems abhängig [145, 146]. Sie wurden hierbei von dem verwendeten Mehrkomponenten-Puffer hervorgerufen. Wie in den Elektropherogrammen ersichtlich, treten die Systempeaks in Zonen auf, dadurch werden die Analyt-peaks nicht gestört.

Als Applikationsbeispiel einer Realprobe wurde im Rahmen dieser Arbeit der Aminosäuren-Saft Hydrobolan F3 Liquid (Firma Perfect Nutrition Center Europe, München), auf dem Markt als Nahrungsergänzungsmittel erhältlich, untersucht. Der hochdosierte Aminosäuren-Saft enthält 18 Aminosäuren mit verschiedenen Konzentrationen, davon acht essentiell, zwei semi-essentiell und acht nicht-essentiell. Tab. 5-9 gibt eine Übersicht über die Konzentrationsverteilung im Saft jeder einzelner Aminosäuren an.

Nr.	Aminosäure	Aminosäurenkonzentration pro 100 ml in [mg]
1	Glycin[3]	11192
2	Prolin[1]	6872
3	Hydroxyprolin[3]	5724
4	Glutaminsäure[3]	4788
5	Alanin[3]	4540
6	Arginin[2]	3860
7	Asparaginsäure[3]	2840
8	Serin[3]	1740
9	Lysin[1]	1740
10	Leucin[1]	1400
11	Valin[1]	1184
12	Phenylalanin[1]	1108
13	Threonin[1]	936
14	Isoleucin[1]	600
15	Histidin[2]	428
16	Hydroxylysin[3]	424
17	Methionin[1]	380
18	Tyrosin[3]	256

[1] *Essentielle Aminosäuren*
[2] *Semi-essentielle Aminosäuren*
[3] *Nicht-essentielle Aminosäuren*

Tab. 5-9 Zusammensetzung des Aminosäuren-Saftes Hydrobolan F3 Liquid (nach Herstellerangaben)

Eine besondere Bedeutung für hochleistungsorientierte Sportler haben die verzweigtkettigen Aminosäuren, die so genannten BCAAs (*engl. Branched-chain amino acids*), Leucin, Isoleucin und Valin als Inhaltsstoffe dieses Saftes. Diese Gruppe von Aminosäuren wird im Gegensatz zu den anderen Amino-säuren, direkt durch die Muskulatur abgebaut. Sie fördert somit möglicherweise das Muskelwachstum durch Stimulierung der Insulin- sowie Wachstums-hormonausschüttung [171].

Bei den Hochleistungsathleten oder Kraftsportlern werden Proteinabbau und Aminosäurenverluste durch die ständig intensive körperliche Belastung gesteigert. Aminosäfte werden besonders für Sportler, die einen deutlich erhöhten Bedarf an Aminosäuren haben, eingenommen. Mit zusätzlicher Zufuhr von Aminosäften wird möglicherweise die Muskelzerstörung nach Ausdauerbelastungen vermindert [172]. Der menschliche Körper verfügt im Gegensatz zu den Fett- und Kohlenhydratendepots nicht über Protein-reserven. Bei zu geringer Aminosäurenzufuhr wird Körperprotein abgebaut.

Die aufgenommenen Elektropherogramme in Abb. 5-26 zeigen die Trennung des Aminosäuren-Saft Hydrobolan und die 2D-Trennung der aufgefangenen Aminosäuren Lysin, Arginin und Histidin. Die Trennparameter zu diesen Messungen sind in Tab. 5-8 aufgelistet. Die Zuordnung der einzelnen aufgetrennten Aminosäuren des Saftes erfolgte, nachdem zunächst jede einzelne Aminosäure als Standardlösung im Kanal 3-4 separat getrennt und deren erfasste Migrationszeit später mit denen der Realprobe verglichen wurde.

Von insgesamt 18 Aminosäuren, die im Saft enthalten sind, konnten 11 davon mit dem mehrlagigen Chip nachgewiesen werden. Bei der Messkurve, detektiert am CCD 1 nach dem ersten Trennvorgang, wurde beobachtet, dass auf der kurzen Trennstrecke von 66 mm eine unvollständige Trennung von Lysin (1), Arginin (2) und Histidin (3) stattfand. In [165] und [25] konnte Arginin (2) von Histidin (3) mit planaren CE-Chips auf einer Trennstrecke von 80 mm ebenfalls nicht eindeutig von einander getrennt werden. Die Aminosäuren Glycin (4), Alanin (5) und Prolin (10) konnten im Gegensatz zu den anderen Aminosäuren Valin (6), Leucin (7), Asparaginsäure (8), Glutaminsäure (9) und Tyrosin (11), die nicht sauber basisliniengetrennt wurden, sehr gut separiert werden.

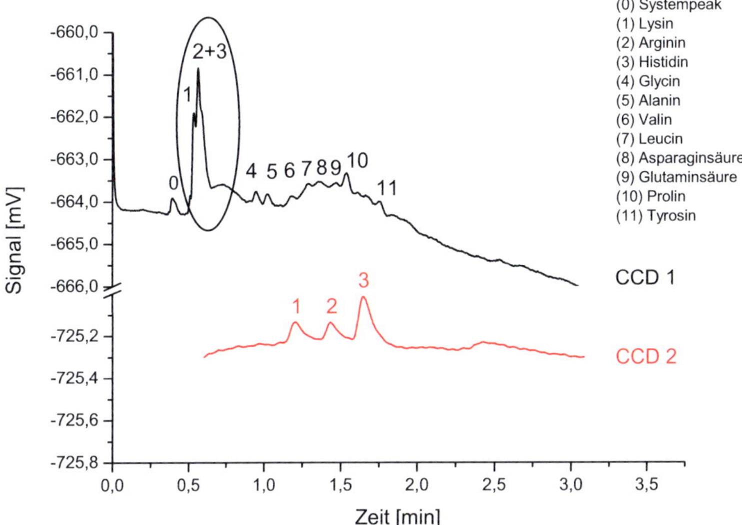

Abb. 5-26   Auftrennung von Aminosäuren-Saft Hydrobolan F3 (Konzentration: 1:50 Verdünnung in Pufferlösung 2 M Essigsäure (pH 2,25) + 0,1 % HEC) **CCD 1**: 1D-Trennung in Trennkanal 3-4, eingefüllt mit Pufferlösung 2 M Essigsäure (pH 2,25) + 0,1 % HEC, E_{Sep1} =480 V/cm; **CCD 2**: 2D-Trennung von Lysin (1), Arginin (2) und Histidin (3) in Trennkanal 5-6, eingefüllt mit Pufferlösung 8 M Essigsäure (pH 1,95) + 0,1 % HEC, E_{Sep2} = 270 V/cm

Der Schwerpunkt bei diesem Versuch fiel auf die 2D-Auftrennung der drei Aminosäuren Lysin (1), Arginin (2) und Histidin (3). Die drei Aminosäuren wurden nach der ersten Separation im Kanal 3-4 gezielt in den Kanal 5-6 transportiert und dort weiter aufgetrennt. Die Messkurve CCD 2 in Abb. 5-26 zeigt als Ergebnis eine vollständige Auftrennung der drei Aminosäuren. Mit dem zweiten Trennschritt konnte somit eine effizientere Trennleistung demonstriert werden, hervorgerufen durch die passende Veränderung der elektrischen und chemischen Trennbedingungen.

6 Zusammenfassung und Ausblick

Im Rahmen dieser Arbeit wurden mehrlagige Lab-on-a-Chip-Systeme auf Polymerbasis zum Einsatz der zweidimensionalen Kapillarelektrophorese (2D-CE) mittels kontaktloser Leitfähigkeitsdetektion (CCD) entwickelt. Für die Durchführung der 2D-CE wurden insgesamt drei Designs eines mehrlagigen Multikanalsystems entworfen, das entweder aus drei- oder vier sich kreuzenden Mikrokanälen aufgebaut ist. Die 2D-CE-Chips bestehen aus zwei mikrostrukturierten Polymerschichten und einer kommerziell erhältlichen Kernspurmembran als Zwischenschicht. Die Kanäle zur Trennung befinden sich in der ersten Chipebene. Als zweite Chipebene ist eine nanoporöse PCTE-Membran zwischen den Polymerschichten integriert. In der dritten Chipebene sind kurze Injektions- und Ausschleusekanäle enthalten, die orthogonal zu den Trennkanälen positioniert sind. Die PCTE-Membran wurde in den Kanalkreuzungsbereichen eingebettet und diente somit als diffusionshemmende Schicht zwischen den Mikrokanälen der unteren und oberen Chipebene. Durch die integrierte Membran wurde einerseits die Fluidverbindung zwischen den übereinander liegenden Mikrokanälen gesichert und andererseits das Nachdiffundieren von Analytprobe von einer zur nächsten Ebene eingeschränkt. Durch die Anordnung der Injektions-, der Ausschleusesowie der Trennkanäle in separaten Chipebenen wurde die Flexibilität des mehrlagigen Lab-on-a-Chip-Systems erhöht. Dadurch wurde es möglich, bei der Durchführung einer 2D-CE die zu analysierende Probe unter unterschiedlichen elektrischen und chemischen Bedingungen zu trennen.

Zwei Typen von CE-Chips wurden im Rahmen dieser Arbeit entwickelt und aus sehr dünnen Polymerfolien mit einer maximalen Dicke von 200 µm erzeugt. Zum ersten wurden Folienchips mit einer integrierten Membran auf PC-COC-Basis und zum zweiten Folienchips ohne integrierte Membran auf PEEK-Basis hergestellt. Ausschlaggebend für die Polymerauswahl waren gute Biokompatibilität und hohe chemische Resistenz der verwendeten Materialien für einen möglichen Einsatz in der Lebensmittel- und der Bioanalytik.

Abb. 6-1 zeigt aus Polymeren hergestellte mehrlagige Chips mit integrierter nanoporöser Membran zur Realisierung einer 2D-CE und CCD.

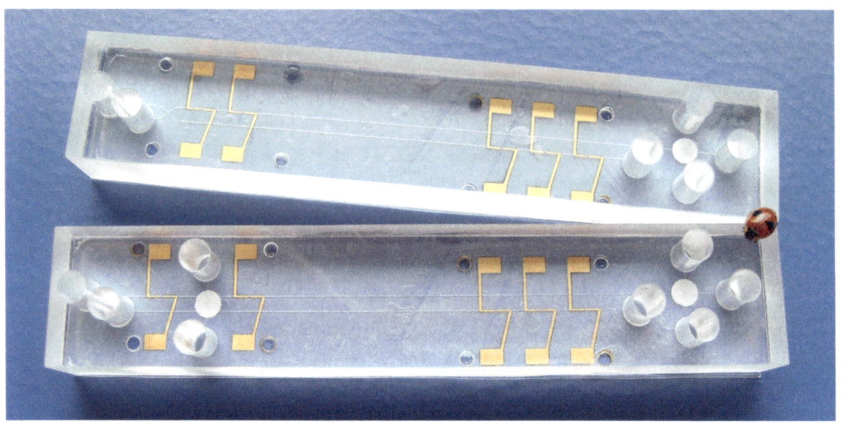

Abb. 6-1   Mehrlagige mikrofluidische Chips aus Polymeren mit integrierter nanoporöser Membran zur Realisierung einer 2D-CE mittels CCD

Für die Mikrostrukturierung der CE-Folienchips aus PC und COC wurden das Mikrofräsen als mechanische Mikrofertigungsverfahren für erste Prototypenherstellung und das Heißprägen als Abformungstechnik für Kleinserienfertigung eingesetzt. Die Fertigung der für die Abformung benötigten Formeinsätze aus Messing erfolgte ebenfalls durch Mikrozerspanen. Der Schwerpunkt lag hierbei insbesondere auf der Mikrostrukturierung einer Taschenform, die zur optimalen Integration und Positionierung der nanoporösen Membran zwischen der unteren und oberen Schicht eines mehrlagigen Chips dienen sollte. Dabei konnten Taschenformen mit einem Durchmesser von 4 mm und einer Tiefe von 5 µm durch Mikrofräsen auf den Formeinsätzen aus Messing strukturiert werden. Zwei Varianten von Membrantaschen wurden somit abgeformt. Die erste Variante im Injektionsbereich der mehrlagigen Chips verlief durch einen Trennkanal, die zweite Membrantasche im Überführungsbereich durch zwei Trennkanäle. Beim Heißprägen von sehr dünnen PC- und COC-Substratfolien (mit Dicken von 150-200 µm) lag der Schwerpunkt auf der Abformung mit minimalen Restschichtdicken. Abgeformte Bauteile mit einer Dicke von insgesamt 120-150 µm konnten mit einer 30-50 µm dicken Restschicht erzeugt werden. Somit gelang es, den Abstand zwischen dem Trennkanal und dem Detektor möglichst klein zu halten, was eine gute Messempfindlichkeit für die CCD-Detektion gewährleistete.

Folienchips auf PEEK-Basis wurden durch Thermoformen und Laserstrukturierung gefertigt. Als Substratmaterial für CE-Chips eignet sich das Polymer PEEK auf Grund seiner guten Materialeigenschaften, wie z. B. der hohen Biokompatibilität, der hohen Chemikalienresistenz und der hohen elektrischen Durchschlagfeldstärke für eine hochempfindliche CCD-Detektion sehr gut. Im Rahmen dieser Arbeit wurden zum ersten Mal doppelseitig laserstrukturierten Folienchips aus PEEK gefertigt. Da 50 µm tiefe Kanäle beidseitig in eine 100 µm dicke Substratfolie generiert wurden, konnten Kanalkreuzungen mit freiem Durchgang gefertigt werden. Der Vorteil dieses Aufbaus lag darin, dass die exakte Positionierung der Kanäle der verschiedenen Chipebenen zueinander entfiel.

Ein weiterer Schwerpunkt der Arbeit war die Entwicklung einer optimalen Verbindungstechnik zum zeitgleichen Bonden mehrerer mikrostrukturierten Polymerschichten. Für die Herstellung von mehrlagigen CE-Chips wurde das thermische Bondverfahren als weiterer wichtiger Fertigungsschritt weiterentwickelt und optimiert. Bei den CE-Folienchips auf PC-COC-Basis wurde insbesondere die Verbindung zwischen den Kanälen der einzelnen Chipebenen und der integrierten PCTE-Membran untersucht. Nach der Anpassung und Optimierung der Prozessparameter konnten dreilagige CE-Chips aus PC und COC hergestellt werden. Hierbei konnte insbesondere eine robuste fluidische Verbindung zwischen den mikrostrukturierten Schichten aus COC und der integrierten Membran aus PC erreicht werden. Die gewählten Kanalquerschnitte der dreilagigen Chips zeigten bei Befüllungsversuchen mit einem Farbstoff eine dauerhafte Verbindung der einzelnen Chiplagen. Nach dem Bonden nahe dem Glasübergangstemperaturbereich der verwendeten Polymeren blieben die Poren der Membran frei und durchlässig. Die Bondergebnisse zeigten ebenfalls keine kritischen Deformationen der Kanalgeometrie.

Erste Versuche zum Bonden von doppelseitig laserstrukturierten PEEK-Chips wurden mittels Plasma unterstütztem Thermobondverfahren durchgeführt. Zum ersten Mal wurde in dieser Arbeit ein Verfahren zum thermischen Verbinden von drei Lagen aus PEEK in einem Bondschritt entwickelt. Bei den hergestellten CE-Chips aus PEEK konnte eine dichte Verbindung der Mikrokanäle mit der Boden- und der Deckelfolie erreicht werden, wobei der kritische Kanalkreuzungsbereich nach dem Bonden frei und durchgängig blieb. Diese Technologie eignet sich neben den hier verwendeten Anwendungen auch für zahlreiche weitere Applikationen in der Mikrosystemtechnik. Die Funktionalität der mehrlagigen PEEK-Chips konnte durch erste CE-Trennungen einer "LiNaK"-

Testlösung (Mischung aus Chloridlösungen der Ionen K$^+$, Na$^+$, Li$^+$) nachgewiesen werden.

Im Rahmen dieser Arbeit wurden vor allem umfangreiche Charakterisierungen und Tests mit mehrlagigen CE-Systemen durchgeführt. Zur Demonstration zweidimensionaler (2D-CE) Trennungen wurde ein bereits vorhandener CE-CCD-Messplatz erweitert und optimiert. Dazu gehörte zum einen der Aufbau eines Zusatzmoduls für die Hochspannungssteuerung, zum anderen die Erweiterung der Steuerungssoftware und zuletzt die Entwicklung einer für verschiedene Chipdesigns geeigneten Chip-Plattform. Unter Verwendung von auf die Polymerchips gesputterten Dünnschichtelektroden konnten kontaktlose Leitfähigkeitsmessungen durchgeführt werden. Hierzu konnten zum ersten Mal zwei parallele CCD-Detektionen in zwei Trennkanälen auf einem Chip durchgeführt werden.

Mittels Fluoreszenzmikroskopie wurden erste Untersuchungen des Strömungs- und Nachfließverhaltens im Injektionskreuzungsbereich durchgeführt, wobei der Fluidtransport bei einer elektrokinetischen Injektion visuell untersucht wurde. Der Einfluss der Anordnung der Mikrokanäle im Kreuzungsbereich auf die injizierte Probenmenge und das Nachströmverhalten des Analyten wurde in zweilagigen Chips ohne integrierte PCTE-Membran und dreilagigen CE-Chips mit integrierter PCTE-Membran analysiert. Die Ergebnisse zeigten, dass im Gegensatz zu planaren und zweilagigen Chips der injizierte Analytpfropfen durch die integrierte Membran bei den dreilagigen Chips idealerweise exakt durch die Kanalkreuzungsgeometrie bestimmt wurde und immer konstant blieb. Bei den untersuchten zwei- und dreilagigen Chips konnte kein Nachfließverhalten der Analytprobe beobachtet werden, was sich positiv auf die Stabilität der Messergebnisse auswirkte.

Zweidimensionale kapillarelektrophoretische Messungen zur Trennung von Testflüssigkeiten konnten mit den hergestellten mehrlagigen CE-Chips durchgeführt werden. Zunächst konnte gezeigt werden, dass sowohl eine selektive Entnahme einzelner anorganischer Ionen (K$^+$, Na$^+$, Li$^+$) nach einem ersten Trennschritt als auch ihre gezielte Überleitung in einen zweiten Trennkanal und deren erneuter Nachweis möglich ist. Für die Realisierung einer 2D-CE wurden mögliche Einsätze in der Lebensmittelanalytik und der Bioanalytik dargestellt. An ausgewählten Beispielen wurde eine bessere Trennung von unvollständig separierten Analytproben nach Optimierung der elektrischen und chemischen Trennbedingungen gezeigt. Als Beispiel in der Weinanalytik wurde die Bestimmung der organischen Säuren in Weiß- und Rotweinproben demonstriert, wobei eine 2D-CE-Trennung der Sulfate von

Nitraten und der Äpfelsäure von Zitronensäure erreicht werden konnte. Als potentielle Anwendung in der Bioanalytik wurde eine Analyse von essentiellen Aminosäuren durchgeführt und eine mögliche 2D-CE-Trennung des Arginin von Histidin und des Threonin von Methionin nachgewiesen.

Miniaturisierte Analysesysteme eröffnen für die Life-Sciences weitere und neue Möglichkeiten zur Analyse von biologischen Flüssigkeiten und Körpersäften. Ein großes Potential für Anwendungen in der Praxis stellt der Bereich Bioanalytik dar. In Bezug auf neue Entwicklungen können die im Rahmen dieser Arbeit hergestellten Lab-on-a-Chip-Systeme zur CE-Trennungen und Nachweis von größeren Biomolekülen wie z. B. Proteine oder DNA-Fragmente weiter entwickelt und optimiert werden. Die mehrlagigen CE-Chips mit der integrierten Membran können beispielsweise zu einer Art Vorfilterungsprozess von sehr komplexen Proben eingesetzt werden, die aufwendige, zeit- und kostenintensive Probenaufbereitungsschritte in der konventionellen Analytik ersparen würden.

Ausgehend von den guten chemischen und physikalischen Materialeigenschaften des Polymers PEEK stellt die Herstellung einer Kernspurmembran aus PEEK ein innovatives Forschungsthema dar, die das Filtern von sehr aggressiven Flüssigkeiten ermöglichen würde. Denkbar wäre die Fertigung einer Membran direkt im Injektionskreuz der doppelseitig strukturierten PEEK-Chips, wobei die genaue Positionierung der mikrostrukturierten Schichten bei einem Mehrlagenbau entfallen würde.

Das in der vorliegenden Arbeit als Drei-Lagen-Aufbau entwickelte CE-System ist auch ein Beitrag für zukünftige Vertikalstrukturen, die bei geringsten Abmessungen vielfältige Funktionen erfüllen können. Auch in solchen äußerst kompakten dreidimensionalen Strukturen lässt sich die C^4D sehr gut integrieren.

Anhang A Chipgeometrie

Chipgeometrie Gesamtfläche: 95 mm x 18 mm					
Design	**Kanal**	**Kanallänge:** L_{ges} **[mm]**	**Kanallänge zw.** **Kanalkreuz 1-2 und 5-6:** L_{kreuz} **[mm]**	**Länge bis Detektor: L_{eff}** (vom Injektionskreuz bis zum Detektor) **[mm]**	
				CCD 1	**CCD 2**
Nr. 1	1-2	10	-	-	-
	3-4	87	55	49	68
	5-6	10	-	-	-
Nr. 2	1-2	10	-	-	-
	3-4	87	65	60	-
	5-6	10	-	-	-
	7-8	70	-	-	49
Nr. 3	1-2	10	-	-	-
	3-4	84	73	66	-
	5-6	74	-	-	59

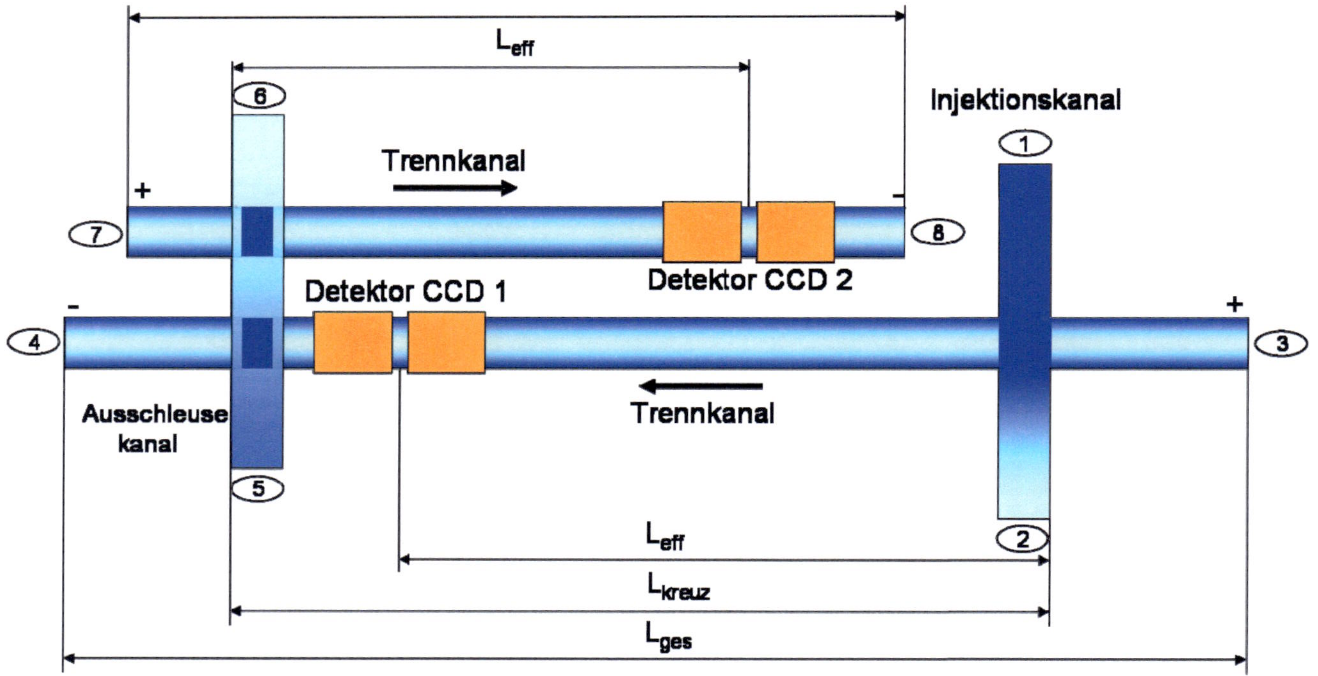

Injektionskanal
Trennkanal
Detektor CCD 2
Detektor CCD 1
Ausschleuse kanal
Trennkanal
L_{eff}
L_{eff}
L_{kreuz}
L_{ges}

Zuordnung DA-AD-DO HV-Quellen und Relais für die mehrkanalige CE

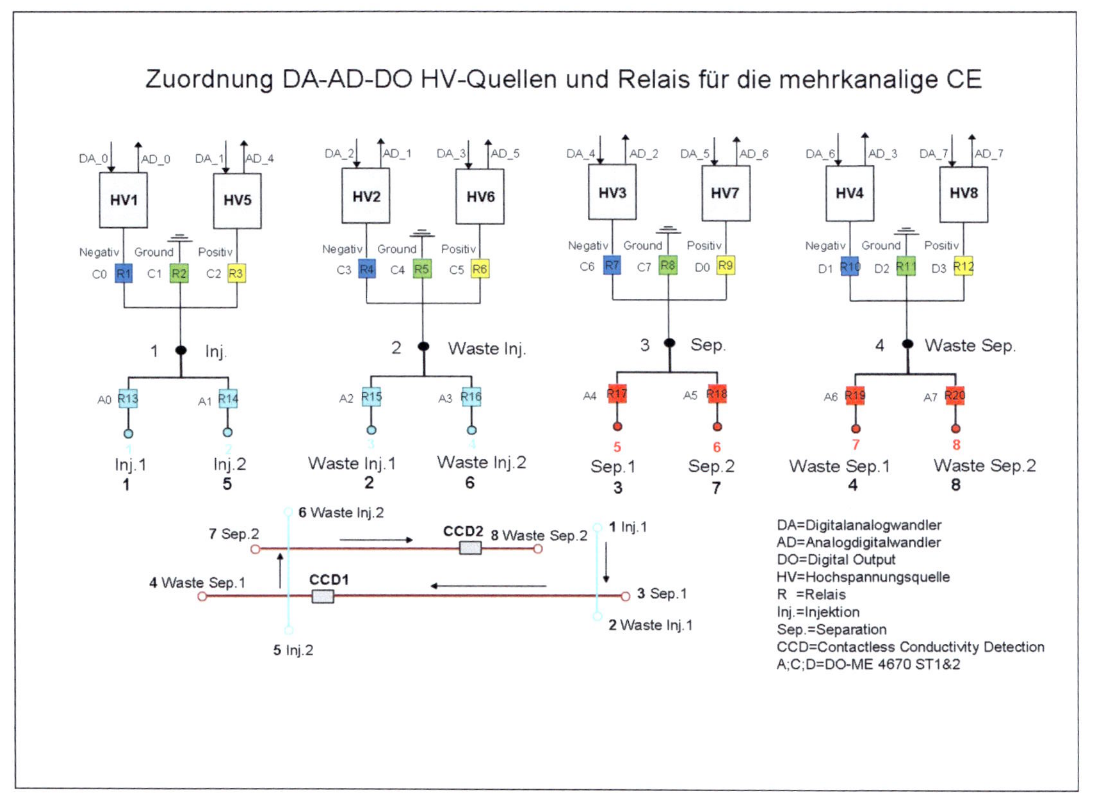

Anhang C Chemikalienliste

Chemikalien / Name	Hersteller
Mes (2-Morpholinoethansulfonsäure) Hydrate	Fluka[1]
Histidine (L-Histidine)	Fluka[1]
Kaliumchlorid	Merck[2]
Natriumchlorid	Merck[2]
Lithiumchlorid	Fluka[1]
Sulfat (Natriumsulfat)	Fluka[1]
Nitrat (Kaliumnitrat)	Merck[2]
Weinsäure (L(+)-Weinsäure)	Merck[2]
Äpfelsäure (L(-)-Äpfelsäure)	Carl Roth[3]
Zitronensäure (Citronensäure-Monohydrat)	Merck[2]
Bernsteinsäure	Aldrich[4]
Essigsäure	Aldrich[4]
Milchsäure	Aldrich[4]
Essigsäure (100 % Lösung)	Merck[2]
HEC (2-Hydroxyethylcellulose)	Aldrich[4]
Lysin (L-Lysin-Monohydrat)	Merck[2]
Arginin (L-Arginin)	Merck[2]
Histidine (L-Histidine)	Merck[2]
Glycin	Merck[2]
Alanin (L-Alanin)	Fluka[1]

Valin (L-Valin)	Merck[2]
Leucin (L-Leucin)	Merck[2]
Threonin (L-Threonin)	Aldrich[4]
Methionin (L-Methionin)	Merck[2]
Tryptophan (L-Tryptophan)	Merck[2]
Asparaginsäure (L-Asparaginsäure)	Merck[2]
Glutaminsäure (L-Glutaminsäure)	Fluka[1]
Phenylalanin (L-Phenylalanin)	Fluka[1]
Prolin (L-Prolin)	Fluka[1]
Tyrosin (L-Tyrosin)	Fluka[1]
Fluorescein Isothiocyanate	Fluka[1]
Natronlauge (1mol/l Lösung)	Merck[2]

[1] Fluka (Neu-Ulm, Deutschland)

[2] Merck (Darmstadt, Deutschland)

[3] Carl Roth (Karlsruhe, Deutschland)

[4] Aldrich (Steinheim, Deutschland)

Anhang D Tabellenverzeichnis

Anhang E Abbildungsverzeichnis

Literatur

[1]   C. Neuy, "Biomedizintechnik, Mikrotechnologien bringen Leben in die Life-Science-Branche", *inno: Innovative Technik-Neue Anwendungen, IVAM – Fachverband für Mikrotechnik*, vol. 31, 10. Jahrgang, September **2005**.

[2]   BMBF und VDE, "Trends in der Weiterentwicklung und Anwendung der Mikrosystemtechnik", Mikrosystemtechnik-Kongress, www.mikrosystemtechnik-kongress.de, **2007**.

[3]   O. Geschke, K. Henning, P. Tellemann, *Microsystem Engineering of Lab-on-a-Chip Devices*. Weinheim: Wiley-VCH Verlag, **2004**.

[4]   A. Manz, N. Graber, H. M. Widmer, "Miniaturized Total Chemical-Analysis Systems - a Novel Concept for Chemical Sensing", *Sensors and Actuators B-Chemical*, vol. 1, S. 244-248, **1990**.

[5]   A. Decker, "Mikrostrukturen: Problemlösungen für die Biomedizin", *inno: Innovative Technik-Neue Anwendungen, IVAM – Fachverband für Mikrotechnik*, vol. 31, 10. Jahrgang, September **2005**.

[6]   Boehringer Ingelheim microParts GmbH, "Produkte/Mikrosystemtechnik/Mikrofluidik", www.boehringer-ingelheim.de, Stand **2009**.

[7]   BMBF, "Mikrosystemtechnik: Wegbereiter für intelligente Produkte", *Hightech-Strategie für Deutschland, Bundesministeriums für Bildung und Forschung*, **2006**.

[8]   H. Engelhardt, W. Beck, J. Kohr, T. Schmitt, "Capillary Electrophoresis - Methods and Scope", *Angewandte Chemie, International Edition in English*, vol. 32, S. 629-649, **1993**.

[9]   D. J. Harrison, A. Manz, Z. H. Fan, H. Ludi, H. M. Widmer, "Capillary Electrophoresis and Sample Injection Systems Integrated on a Planar Glass Chip", *Analytical Chemistry*, vol. 64, S. 1926-1932, **1992**.

[10] A. Manz, D. J. Harrison, E. M. J. Verpoorte, J. C. Fettinger, A. Paulus, H. Ludi, H. M. Widmer, "Planar Chips Technology for Miniaturization and Integration of Separation Techniques into Monitoring Systems - Capillary Electrophoresis on a Chip", *Journal of Chromatography*, vol. 593, S. 253-258, **1992**.

[11] BIOspektrum, "Lab-on-Chip-Systeme / Mikroarrays", *Marktübersicht, Methoden und Anwendungen*, vol. 13. Jahrgang, S. 764, **2007**.

[12] Agilent Technologies GmbH, www.agilent.com.

[13] Bio-Rad Laboratories GmbH, www.bio-rad.com.

[14] Caliper Life Sciences GmbH, www.caliperls.com.

[15] microfluidic ChipShop GmbH, www.microfluidic-ChipShop.com.

[16] Micronit Microfluidics, www.micronit.com.

[17] J. P. Landers, *Handbook of Capillary Electrophoresis,* Boca Raton, New York, London, Tokyo: CRC Press Inc., Second Edition, **1997**.

[18] M. H. Gay, *Instrumentelle Analytik und Bioanalytik,* Berlin, Heidelberg: Springer-Verlag, 2. überarbeitete und erweiterte Auflage, **2008**.

[19] O. Spörkel, "Deutsche Analytik Tage - Treffpunkt für die Chromatographie", *Chromatographie, Kopplungstechniken,* www.process.vogel.de, 16. Mai, **2007**.

[20] U. Karst, "Kopplungstechniken sind gefragt", *Achema magazine,* http://www.dechema.de, **2009**.

[21] R. Westermeier, *Elektrophorese-Praktikum.* Weinheim: VCH, **1990**.

[22] C. R. Evans, J. W. Jorgenson, "Multidimensional LC-LC and LC-CE for high-resolution separations of biological molecules", *Analytical and Bioanalytical Chemistry*, vol. 378, S. 1952-1961, **2004**.

[23] I. Francois, K. Sandra, P. Sandra, "Comprehensive liquid chromatography: Fundamental aspects and practical considerations-A review", *Analytica Chimica Acta*, vol. 641, S. 14-31, **2009**.

[24] W. Bertsch, "Two-dimensional gas chromatography. concepts, instrumentation, and applications - Part 1: Fundamentals, conventional two-dimensional gas chromatography, selected applications", *Hrc-Journal of High Resolution Chromatography*, vol. 22, S. 647-665, **1999**.

[25] H. Mühlberger, "Mikrofluidische CE-Systeme aus Polymeren mit elektrischer Detektion für Life-Science-Anwendungen", in *Dissertation, Institut für Mikrostrukturtechnik*: Forschungszentrum (FZK) und Universität Karlsruhe (TH), **2007**.

[26] F. Kohlrausch, "Über Concentrations-Verschiebungen durch Electrolyse im Inneren von Lösungen und Lösungsgemischen", *Annalen der Physik*, vol. 298, S. 209-239, **1897**.

[27] A. Tiselius, "A new apparatus for electrophoretic analysis of colloidal mixtures", *Trans. Faradey Soc.*, vol. 33, S. 524, **1937**.

[28] *Nobel Lectures Chemistry 1942-1962*. Amsterdam: Elsevier, **1964**.

[29] S. Hjertén, "Free zone electrophoresis", *Chromatogr. Rev.*, vol. 9, S. 122-219, **1967**.

[30] F. E. P. Mikkers, F. M. Everaerts, T. Verheggen, "High-Performance Zone Electrophoresis", *Journal of Chromatography*, vol. 169, S. 11-20, **1979**.

[31] J. W. Jorgenson, K. D. Lukacs, "Zone Electrophoresis in Open-Tubular Glass-Capillaries", *Analytical Chemistry*, vol. 53, S. 1298-1302, **1981**.

[32] H. Engelhardt, W. Beck, J. Kohr, T. Schmitt, "Kapillarelektrophorese: Methoden und Möglichkeiten ", *Angewandte Chemie*, vol. 5, S. 659-804, **1993**.

[33] H. Engelhardt, *Kapillarelektrophorese: Methoden und Möglichkeiten*, vol. 206, Braunschweig: Braunschweig: Vieweg, **1994**.

[34] M. G. Khaledi, *High performance capillary electrophoresis: theory, techniques, and applications*, New York: A Wiley-Interscience Publication, **1998**.

[35] R. Weinberger, *Practical Capillary Electrophoresis,* San Diego, USA: Academic Press, Second Edition, **2000**.

[36]   N. A. Lacher, N. F. de Rooij, E. Verpoorte, S. M. Lunte, "Comparison of the performance characteristics of poly(dimethylsiloxane) and Pyrex microchip electrophoresis devices for peptide separations", *Journal of Chromatography A*, vol. 1004, S. 225-235, **2003**.

[37]   O. J. Schmitz, "Theorie der Kapillarelektrophorese", http://www.kapillarelektrophorese.de/, Stand **2009**.

[38]   B. X. Mayer, "How to increase precision in capillary electrophoresis", *Journal of Chromatography A*, vol. 907, S. 21-37, **2001**.

[39]   X. X. Bai, H. J. Lee, J. S. Rossier, F. Reymond, H. Schafer, M. Wossner, H. H. Girault, "Pressure pinched injection of nanolitre volumes in planar micro-analytical devices", *Lab on a Chip*, vol. 2, S. 45-49, **2002**.

[40]   C. S. Effenhauser, A. Manz, H. M. Widmer, "Glass Chips for High-Speed Capillary Electrophoresis Separations with Submicrometer Plate Heights", *Analytical Chemistry*, vol. 65, S. 2637-2642, **1993**.

[41]   L. M. Fu, R. J. Yang, G. B. Lee, Y. J. Pan, "Multiple injection techniques for microfluidic sample handling", *Electrophoresis*, vol. 24, S. 3026-3032, **2003**.

[42]   D. P. J. Barz, "Ein Beitrag zu Modellierung und Simulation von elektrokinetischen Transportprozessen in mikrofluidischen Einheiten", in *Dissertation, Institut für Kern- und Energietechnik (IKET)*: Forschungszentrum (FZK) und Universität Karlsruhe (TH), **2005**.

[43]   D. M. Cannon, T. C. Kuo, P. W. Bohn, J. V. Sweedler, "Nanocapillary array interconnects for gated analyte injections and electrophoretic separations in multilayer microfluidic architectures", *Analytical Chemistry*, vol. 75, S. 2224-2230, **2003**.

[44]   P. W. Bohn, J. V. Sweedler, M. A. Shannon, T.-C. Kuo, "Hybrid microfluidic and nanofluidic system", in *Patentanmeldung: Nr. US 2003/0136679 A1*, USA, **2003**.

[45] M. A. Shannon, B. R. Flachsbart, J. M. Iannacone, K. C. Wong, D. M. Cannon, K. Q. Fa, J. V. Sweedler, P. W. Bohn, "Nanofluidic inter-connects within a multilayer microfluidic chip for attomolar biochemical analysis and molecular manipulation", *2005 3rd IEEE/EMBS Special Topic Conference on Microtechnology in Medicine and Biology*, S. 257-259, **2005**.

[46] H. J. Issaq, K. C. Chan, G. M. Janini, T. P. Conrads, T. D. Veenstra, "Multidimensional separation of peptides for effective proteomic analysis", *Journal of Chromatography B-Analytical Technologies in the Biomedical and Life Sciences*, vol. 817,S. 35-47, **2005**.

[47] J. P. Landers, *Handbook of Capillary Electrophoresis*. Boca Raton, New York, London, Tokyo: CRC Press Inc., Second Edition, **1997**.

[48] J. C. Giddings, "Concepts and Comparisons in Multidimensional Separation", *Journal of High Resolution Chromatography & Chromatography Communications*, vol. 10, S. 319-323, **1987**.

[49] C. S. Effenhauser, A. Manz, H. M. Widmer, "Manipulation of Sample Fractions on a Capillary Electrophoresis Chip", *Analytical Chemistry*, vol. 67, S. 2284-2287, **1995**.

[50] J. J. Tulock, M. A. Shannon, P. W. Bohn, J. V. Sweedler, "Microfluidic separation and gateable fraction collection for mass-limited samples", *Analytical Chemistry*, vol. 76, S. 6419-6425, **2004**.

[51] R. D. Rocklin, R. S. Ramsey, J. M. Ramsey, "A microfabricated fluidic device for performing two-dimensional liquid-phase separations", *Analytical Chemistry*, vol. 72, S. 5244-5249, **2000**.

[52] J. D. Ramsey, S. C. Jacobson, C. T. Culbertson, J. M. Ramsey, "High-efficiency, two-dimensional separations of protein digests on microfluidic devices", *Analytical Chemistry*, vol. 75, S. 3758-3764, **2003**.

[53] N. Gottschlich, S. C. Jacobson, C. T. Culbertson, J. M. Ramsey, "Two-dimensional electrochromatography/capillary electrophoresis on a microchip", *Analytical Chemistry*, vol. 73, S. 2669-2674, **2001**.

[54] A. E. Herr, J. I. Molho, K. A. Drouvalakis, J. C. Mikkelsen, P. J. Utz, J. G. Santiago, T. W. Kenny, "On-chip coupling of isoelectric focusing and free solution electrophoresis for multidimensional separations", *Analytical Chemistry*, vol. 75, S. 1180-1187, **2003**.

[55] H. Shadpour, S. A. Soper, "Two-dimensional electrophoretic separation of proteins using poly(methyl methacrylate) microchips", *Analytical Chemistry*, vol. 78, S. 3519-3527, **2006**.

[56] M. A. Schwarz, P. C. Hauser, "Recent developments in detection methods for microfabricated analytical devices", *Lab on a Chip*, vol. 1, S. 1-6, **2001**.

[57] B. Grass, A. Neyer, M. Johnck, D. Siepe, F. Eisenbeiss, G. Weber, R. Hergenroder, "A new PMMA-microchip device for isotachophoresis with integrated conductivity detector", *Sensors and Actuators B-Chemical*, vol. 72, S. 249-258, **2001**.

[58] B. Timmer, W. Sparreboom, W. Olthuis, P. Bergveld, A. van den Berg, "Optimization of an electrolyte conductivity detector for measuring low ion concentrations", *Lab on a Chip*, vol. 2, S. 121-124, **2002**.

[59] H. Shadpour, M. L. Hupert, D. Patterson, C. G. Liu, M. Galloway, W. Stryjewski, J. Goettert, S. A. Soper, "Multichannel microchip electrophoresis device fabricated in polycarbonate with an integrated contact conductivity sensor array", *Analytical Chemistry*, vol. 79, S. 870-878, **2007**.

[60] A. J. Zemann, "Capacitively coupled contactless conductivity detection in capillary electrophoresis", *Electrophoresis*, vol. 24, S. 2125-2137, **2003**.

[61] J. Tanyanyiwa, P. C. Hauser, "High-voltage capacitively coupled contactless conductivity detection for microchip capillary electrophoresis", *Analytical Chemistry*, vol. 74, S. 6378-6382, **2002**.

[62] B. Gas, M. Demjanenko, J. Vacik, "High-Frequency Contactless Conductivity Detection in Isotachophoresis", *Journal of Chromatography*, vol. 192, S. 253-257, **1980**.

[63] A. J. Zemann, E. Schnell, D. Volgger, G. K. Bonn, "Contactless conductivity detection for capillary electrophoresis", *Analytical Chemistry*, vol. 70, S. 563-567, **1998**.

[64] J. A. F. da Silva, C. L. do Lago, "An oscillometric detector for capillary electrophoresis", *Analytical Chemistry*, vol. 70, S. 4339-4343, **1998**.

[65] J. Tanyanyiwa, E. M. Abad-Villar, M. T. Fernandez-Abedul, A. Costa-Garcia, W. Hoffmann, A. E. Guber, D. Herrmann, A. Gerlach, N. Gottschlich, P. C. Hauser, "High-voltage contactless conductivity-detection for lab-on-chip devices using external electrodes on the holder", *Analyst*, vol. 128, S. 1019-1022, **2003**.

[66] M. Pumera, J. Wang, F. Opekar, I. Jelinek, J. Feldman, H. Lowe, S. Hardt, "Contactless conductivity detector for microchip capillary electrophoresis", *Analytical Chemistry*, vol. 74, S. 1968-1971, **2002**.

[67] M. Pumera, "Contactless conductivity detection for microfluidics: Designs and applications", *Talanta*, vol. 74, S. 358-364, **2007**.

[68] R. M. Guijt, C. J. Evenhuis, M. Macka, P. R. Haddad, "Conductivity detection for conventional and miniaturised capillary electrophoresis systems", *Electrophoresis*, vol. 25, S. 4032-4057, **2004**.

[69] P. Kuban, P. C. Hauser, "Ten years of axial capacitively coupled contactless conductivity detection for CZE - a review", *Electrophoresis*, vol. 30, S. 176-188, **2009**.

[70] W. K. Schomburg, "Preisgünstige Mikrofluidik aus Plastik", *Nachrichten - Forschungszentrum Karlsruhe, Jahrgang 34, 2-3, 2002, S. 169-174*.

[71] H. Domininghaus, *Die Kunststoffe und ihre Eigenschaften*, vol. 5, völlig neu bearbeitete und erweiterte Auflage. Berlin; Heidelberg; New York: Springer, **1998**.

[72] P. D.-I. A. K. Bledzki, "Technische Kunststoffe - Polycarbonat", *Vorlesungsskript an der Universität - Gh Kassel im Fachbereich Maschinenbau,* http://www.uni-kassel.de, **1997**.

[73] http://www.chemgapedia.de, **2009**.

[74] Bayer MaterialScience AG, Makrofol Produktbeschreibung / Dattenblätter, Leverkusen, Germany, www.makrofol.com, **2009**.

[75]   T. Robers, "Kunststoff-Spritzgiessen – gestern und heute",
       Netstall News, vol. 51, **2007**.

[76]   A. Tewald, "Mikrospritzgießen eine Übersicht",
       Universität Stuttgart, IKFF,
       http://www.uni-stuttgart.de/ikff/institut/publikationen/fest30/tewald.html,
       1997.

[77]   Bogner - Sport Glasses / BOG-23, http://www.sellroom.de, **2009**.

[78]   A. G. Bayer, "Kunststoffe in der Medizintechnik: Adsorbergehäuse aus
       Polycarbonat", *MaterialsNews,*
       http://www.materialsgate.de/mnews, **2006**.

[79]   R. H. Dhein, H.; Freitag, D.; Idel, K.; Göhl, H., "Polycarbonat - ein bio-
       kompatibler Werstoff für die Medizintechnik", *Kunststoffe* vol. 81, **1991**.

[80]   R. Weihofen, "Topas – der CD-Werkstoff der Zukunft", *Informations-
       dienst Wissenschaft e.V., Bayreuth, Deutschland,*
       http://idw-online.de/de/news21, **1995**.

[81]   Ticona GmbH, "Thermoplastisches Olefin-Polymer amorpher Struktur
       (COC)", Kelsterbach, www.topas.com, **2009**.

[82]   F. Bundgaard, T. Nielsen, D. Nilsson, P. X. Shi, G. Perozziello,
       A. Kristensen, O. Geschke, "Cyclic olefin copolymer (COC / Topas ((R))
       - An exceptional material for exceptional lab-on-a-chip systems",
       Micro Total Analysis Systems 2004, vol. 2, S. 372-374, **2005**.

[83]   X. Illa, W. De Malsche, J. Bomer, H. Gardeniers, J. Eijkel, J. R. Morante,
       A. Romano-Rodriguez, G. Desmet, "An array of ordered pillars with re-
       tentive properties for pressure-driven liquid chromatography fabricated
       directly from an unmodified cyclo olefin polymer", *Lab on a Chip*, vol. 9,
       S. 1511-1516, **2009**.

[84]   Victrex Europa GmbH, Victrex PEEK Polymere, Hofheim, Deutschland,
       http://www.victrex.com, **2009**.

[85]   R. Weidig, "Auf dem Vormarsch PEEK etabliert sich als Werkstoff für
       hohe Anforderungen", *Pharma + Food*, vol. 2, **2002**.

[86]   Kern GmbH, Technische Kunststoffteile, Großmaischeid,
       http://www.kern-gmbh.de, **2008**.

[87]   M. Heckele, W. K. Schomburg, "Review on micro molding of thermo-plastic polymers", *Journal of Micromechanics and Microengineering*, vol. 14, S. R1-R14, **2004**.

[88]   H. Kück, "Spritzgießen in der Mikrotechnik", *Universität Stuttgart, Institut für Zeitmeßtechnik, Fein- und Mikrotechnik*, **2003**.

[89]   E. M. Petrie, *Handbook of adhesives and sealants,* New York: The McGraw-Hill Companies, Inc., 2. Auflage, **2007**.

[90]   W. Pfleging, T. Schaller, "Mikromaterialbearbeitung durch spanabhebende und lasergestützte Verfahren", *Nachrichten - Forschungszentrum Karlsruhe*, S. 210-220, Jahrgang (34) 2-3, **2002**.

[91]   www.chemietechnik.de, "Dickfellig Produktfokus Korrosionsschutz", *Chemie Technik*, vol. 7, (34. Jahrgang), **2005**.

[92]   Victrex, "Mit PEEK beschichten- Feinpulver aus Victrex PEEK Polymer", *Neue Produkte,* http://www.kunststoffe.de, **2009**.

[93]   T. Gietzelt, L. Eichhorn, *Herstellung von Mikrostrukturen mit hohem As-pektverhältnis durch Mikrozerspanung*: GMM Fachbericht 53, "Techno-logien und Werkstoffe der Mikro- und Nanosystemtechnik", VDE Verlag Berlin, Offenbach, **2007**.

[94]   M. Worgull, M. Heckele, W. K. Schomburg, "Analyse des Mikroheißprä-geverfahrens", in *Dissertation, Institut für Mikrostrukturtechnik*: Forschungszentrum (FZK) und Universität Karlsruhe (TH), FZKA 6922, **2003**.

[95]   A. Michel, R. Ruprecht, M. Harmening, W. Bacher, "Abformung von Mik-rostrukturen auf prozessierten Wafern", in *Dissertation*: Kernforschungs-zentrum Karlsruhe, KfK - Bericht 5171, **1993**.

[96]   C. Mehne, "Großformatige Abformung mikrostrukturierter Formeinsätze durch Heißprägen", in *Dissertation, Institut für Mikrostrukturtechnik*: Forschungszentrum (FZK) und Universität Karlsruhe (TH), **2007**.

[97]   V. Piotter, T. Hanemann, K. Müller, R. Ruprecht, H. Dittrich, M. Heckele, M. Worgull, "Mikroabformung in Kunststoff- von der Machbarkeitsstudie zur Vorserienfertigung", *Nachrichten - Forschungszentrum Karlsruhe*, vol. 34, S. 160-168, **2002**.

[98] M. Heckele, C. Mehne, R. Truckenmüller, M. Worgull, *Alternative Kunststoffreplikationstechniken als zukünftige Fertigungstechniken in der Mikro- und Nanotechnik*: GMM Fachbericht 53, "Technologien und Werkstoffe der Mikro- und Nanosystemtechnik", VDE Verlag Berlin, Offenbach, **2007**.

[99] A. E. Guber, M. Heckele, D. Herrmann, A. Muslija, V. Saile, L. Eichhorn, T. Gietzelt, W. Hoffmann, P. C. Hauser, J. Tanyanyiwa, A. Gerlach, N. Gottschlich, G. Knebel, "Microfluidic lab-on-a-chip systems based on polymers - fabrication and application", *Chemical Engineering Journal*, vol. 101, S. 447-453, **2004**.

[100] R. Truckenmüller, "Herstellung von dreidimensionalen Mikrostrukturen aus Polymermembranen", in *Dissertation, Institut für Mikrostrukturtechnik*: Forschungszentrum (FZK) und Universität Karlsruhe (TH), **2003**.

[101] S. Giselbrecht, "Polymere, mikrostrukturierte Zellkulturträger für das Tissue Engineering", in *Dissertation, Institut für Mikrostrukturtechnik, Institut für Biologische Grenzflächen*: Forschungszentrum (FZK) und Universität Karlsruhe (TH), **2005**.

[102] W. Pfleging, J. Lorenz, P. Schierjott, W. A., W. S., *Lasergestützte Prozesse für Polymerwerkstoffe in der Mikro- und Nanotechnik - Strukturierung, Modifizierung und Verbindungstechnik*: GMM Fachbericht 53, "Technologien und Werkstoffe der Mikro- und Nanosystemtechnik", VDE Verlag Berlin, Offenbach, **2007**.

[103] W. Pfleging, R. Kohler, P. Schierjott, W. Hoffmann, "Laser patterning and packaging of CCD-CE-Chips made of PMMA", *Sensors and Actuators B-Chemical*, vol. 138, S. 336-343, **2009**.

[104] W. Pfleging, "Laserdurchstrahlschweißen von transparenten Kunststoffen", *inno: Innovative Technik-Neue Anwendungen, IVAM – Fachverband für Mikrotechnik*, vol. 39, 13. Jahrgang, April **2008**.

[105] D. Bäuerle, *Laser - Grundlagen und Anwendungen in Photonik, Technik, Medizin und Kunst*: Weinheim: Wiley-VCH, **2009**.

[106] W. Menz, J. Mohr, O. Paul, *Mikrosystemtechnik für Ingenieure*: Weinheim: Wiley-VCH, 3. Auflage, **2005**.

[107] W. Michaeli, *Einführung in die Kunststoffverarbeitung*: München, Wien: Carl Hanser Verlag, 4. Auflage, **1999**.

[108] R. Truckenmuller, R. Ahrens, Y. Cheng, G. Fischer, V. Saile, "An ultra-sonic welding based process for building up a new class of inert fluidic microsensors and -actuators from polymers", *Sensors and Actuators a-Physical*, vol. 132, S. 385-392, **2006**.

[109] R. Truckenmuller, P. Henzi, D. Herrmann, V. Saile, W. Schomburg, "Bonding of polymer microstructures by UV irradiation and welding at low temperatures", *Dtip 2003: Design, Test, Integration and Packaging of Mems/Moems 2003*, S. 265-267, **2003**.

[110] K. Mandisloh, "Polymere, mikrofluidische Systeme mit integrierten Wellenleitern", in *Dissertation, Institut für Mikrostrukturtechnik*: Forschungszentrum (FZK) und Universität Karlsruhe (TH), **2008**.

[111] L. Petrova, "Entwicklung einer effektiven Verbindungstechnik zum Bonden von mikrostrukturierten Kunststoffplatten", in *Diplomarbeit, Lehrstuhl und Institut für Mikrostrukturtechnik*: Forschungszentrum (FZK) und Universität Karlsruhe (TH), **2004**.

[112] E. Wintermantel, H. Suk-Woo, *Medizintechnik mit biokompatiblen Werkstoffen und Verfahren*, Berlin, Heidelberg, New York Springer, 3.Auflage, **2002**.

[113] Vitaris AG, Membranfilter Produktbeschreibung / Dattenblätter, Baar, Schweiz, http://www.vitaris.com/, **2009**.

[114] R. Spohr, *Ion tracks and microtechnology-Principles and applications*, Braunschweig: Vieweg, **1990**.

[115] L. J. Zeman, A. L. Sydney, *Microfiltration and Ultrafiltration, Principles and applications*, New York: MARCEL DEKKER INC., **1996**.

[116] H.-W. Rösler, "Membrantechnologie in der Prozessindustrie - Polymere Membranwerkstoffe", *Chemie Ingenieur Technik*, vol. 77, S. 487-503, **2005**.

[117] P. Y. Apel, I. V. Blonskaya, S. N. Dmitriev, O. L. Orelovitch, B. Sartowska, "Structure of polycarbonate track-etch membranes: Origin of the "paradoxical" pore shape", *Journal of Membrane Science*, vol. 282, S. 393-400, **2006**.

[118] R. Truckenmüller, P. Henzi, D. Herrmann, V. Saile, W. K. Schomburg, "Bonding of polymer microstructures by UV irradiation and welding at low temperatures", *Proc. 5th Symposium on Design, Test, Integration and Packaging of MEMS / MOEMS, Mandelieu – La Napoule, France*, **2003**.

[119] P. Henzi, "UV-induzierte Herstellung monomodiger Wellenleiter in Polymeren", in *Dissertation, Institut für Mikrostrukturtechnik*: Forschungszentrum (FZK) und Universität Karlsruhe (TH), **2004**.

[120] P. Eberhardt, "Entwicklung eines mikrofluidischen Systems zur Handhabung von Magnetpartikeln", in *Dissertation, Institut für Mikrostrukturtechnik*: Forschungszentrum (FZK) und Universität Karlsruhe (TH), **2008**.

[121] W. Seidel, *Werkstoffe-Eigenschaften-Prüfung-Anwendung*, München: Carl Hanser Verlag, **2008**.

[122] Pressemitteilung: Plasma verwandelt Kunststoffoberflächen, *Leibniz-Institut für Plasmaforschung und Technologie e.V., Greifswald, Deutschland,* http://www.inp-greifswald.de, **2009**.

[123] D. Nikolova, "Charakterisierung und Modifizierung der Grenzflächen im Polymer-Metall-Verbund", in *Dissertation, Mathematisch-Naturwissenschaftlich-Technische Fakultät,* Halle (Saale): Martin-Luther-Universität Halle-Wittenberg, **2005**.

[124] W. Hwang, "Untersuchung von Material- und Geometrieeinflüssen auf die Performance von CE-Separationen in mikrofluidischen Lab-on-a-Chip-Systemen", in *Diplomarbeit, Lehrstuhl und Institut für Mikrostrukturtechnik*: Forschungszentrum (FZK) und Universität Karlsruhe (TH), **2006**.

[125] H. Mühlberger, A. E. Guber, W. Hoffmann, "Microfluidic Polyetheretherketon (PEEK) Chips combined with Contactless Conductivity Detection for µTAS", Proc. of µTAS 2005: 9th Internat., Conf. on Miniaturized Systems for Chemistry and Life Sciences, Boston, USA, **2005**.

[126] U. L. Bohne, R. P. Kreher, "Methylenblau - Geschichte eines Farbstoffs - ein Farbstoff mit Geschichte", *NiU-Chemie*, vol. 10, **1999**.

[127] H. Mühlberger, A. E. Guber, D. Schauz, "Verfahren zum dauerhaften Verbinden von Bauteilen aus Polyetheretherketon", in *Deutsches Patent- und Markenamt*, Patentanmeldung 102005028330.6, München, **2005**.

[128] H. Mühlberger, W. Hwang, A. E. Guber, V. Saile, W. Hoffmann, "Polymer Lab-on-a-Chip system with electrical detection", *IEEE Sensors Journal*, vol. 8, S. 572-579, **2008**.

[129] P. Schierjott, "Miniaturisiertes Gasanalysesystem", in *Institut für Mikrostrukturtechnik (IMT), IMT-Projekt 05-452W-00B*: Forschungszentrum Karlsruhe (FZK), **2007**.

[130] B. Gaš, J. Zuska, P. Coufal, T. van de Goor, "Optimization of the high-frequency contactless conductivity detector for capillary electrophoresis", *Electrophoresis*, vol. 23, S. 3520-3527, **2002**.

[131] E. N. Gatimu, T. L. King, J. V. Sweedler, P. W. Bohna, "Three-dimensional integrated microfluidic architectures enabled through electrically switchable nanocapillary array membranes", *Biomicrofluidics*, vol. 1, Artikel No.: 021502, **2007**.

[132] GE Osmonics, OEM GE PCTE Membrane, Produktbeschreibung / Dattenblätter, Minnetonka, USA, http://www.osmolabstore.com, **2009**.

[133] L. Petrova, A. E. Guber, W. Hoffmann, "Mehrlagige Polymerchips zur zweidimensionalen Kapillarelektrophorese mittels kontaktloser Leitfähigkeitsdetektion", ANAKON **2007**, Jena, Deutschland.

[134] W. Hoffmann, H. Mühlberger, W. Hwang, L. Petrova, T. Mootz, M. Saumer, A. E. Guber, V. Saile, "Advanced Conductivity Detection for Microfluidics", 214th Electrochemical Society Meeting, Honolulu, Hawaii, October 12-17, **2008**.

[135] R. Ebermann, I. Elmadfa, *Lehrbuch Lebensmittelchemie und Ernährung*: Springer-Verlag, Wien, **2008**.

[136] H. Mühlberger, T. Clemens, H. Demattio, C. K. Gärtner, R., M. Klotz, R. Körber, G. Krieg, W. Hoffmann, "Low cost lab-on-a-chip capillary electrophoresis system based on polymer chips and electrical detection", 5th Singapore Internat. Chemistry Conf. (SICC-5), Singapore, SGP, December 16-19, **2007**.

[137] B. Gaš, M. Jaros, V. Hruska, M. Stedry, I. Zuskova, "Eigenmobilities in background electrolytes for capillary zone electrophoresis: IV. Computer program PeakMaster", *Electrophoresis*, vol. 25, S. 3080-3085, **2004**.

[138] B. Gaš, M. Jaros, V. Hruska, I. Zuskova, M. Stedry, "PeakMaster - A freeware simulator of capillary zone electrophoresis", *Lc Gc Europe*, vol. 18, S. 282, **2005**.

[139] http://www.natur.cuni.cz/~gas/, **2009**.

[140] L. Petrova, A. E. Guber, W. Hoffmann, "2D-Kapillarelektrophorese im Chipformat mit Mehrlagen-Strukturen", *Proceedings 8. DSS, Dresden, Deutschland*, S. 231-235, **2007**.

[141] V. Schneider, "Welche Informationen geben die organischen Säuren?", *Die Winzer-Zeitung*, vol. 32, **2004**.

[142] R. Amann, "Säuren in Most und Wein", *in Kellerwirtschaft, das deutsche weinmagazin*, 15. September **2007**.

[143] N. Burggraf, A. Manz, E. Verpoorte, C. S. Effenhauser, H. M. Widmer, N. F. Derooij, "A Novel-Approach to Ion Separations in Solution - Synchronized Cyclic Capillary Electrophoresis (Scce)", *Sensors and Actuators B-Chemical*, vol. 20, S. 103-110, **1994**.

[144] T. C. Kuo, D. M. Cannon, M. A. Shannon, P. W. Bohn, J. V. Sweedler, "Hybrid three-dimensional nanofluidic/microfluidic devices using molecular gates", *Sensors and Actuators a-Physical*, vol. 102, S. 223-233, **2003**.

[145] J. L. Beckers, F. M. Everaerts, "System peaks in capillary zone electrophoresis - What are they and where are they coming from?", *Journal of Chromatography A*, vol. 787, S. 235-242, **1997**.

[146] B. Gaš, E. Kenndler, "System zones in capillary zone electrophoresis", *Electrophoresis*, vol. 25, S. 3901-3912, **2004**.

[147] M. Stedry, M. Jaros, K. Vcelakova, B. Gaš, "Eigenmobilities in background electrolytes for capillary zone electrophoresis: II. Eigenpeaks in univalent weak electrolytes", *Electrophoresis*, vol. 24, S. 536-547, **2003**.

[148] P. Gebauer, J. L. Beckers, P. Bocek, "Theory of system zones in capillary zone electrophoresis", *Electrophoresis*, vol. 23, S. 1779-1785, **2002**.

[149] P. Lotigie-Laurent, "Chemie des Weines (Teil V); Das Wunderwerk Wein", *Newsletter* http://www.defusco.ch, vol. 29, **2005**.

[150] P. Golay, "Konsum und Gesundheit: Was passiert im Keller, was ist im Wein enthalten?", *Le Guillon - die Zeitschrift*, vol. 23, S. 63-65.

[151] A. Yankov, *Technologie der Weinherstellung - Lehrbuch,* Sofia: Zemizdat, **1992**.

[152] O. Stern, "Weinbau Südosteuropa: Die alte "Neue Welt", http://www.sippo.ch, *Newsletter, sec info*, vol. 4, **2005**.

[153] H. Ullmann, "Bulgarien, das Land der Weine", *Getränkeindustrie*, vol. 4, S. 49-53, **2008**.

[154] T. Kreutzig, *Kurzlehrbuch Biochemie,* München: Elsevier-Urban und Fischer Verlag, 12. Auflage, **2006**.

[155] S. C. Jacobson, L. B. Koutny, R. Hergenroder, A. W. Moore, J. M. Ramsey, "Microchip Capillary Electrophoresis with an Integrated Postcolumn Reactor", *Analytical Chemistry*, vol. 66, S. 3472-3476, **1994**.

[156] K. Fluri, G. Fitzpatrick, N. Chiem, D. J. Harrison, "Integrated capillary electrophoresis devices with an efficient postcolumn reactor in planar quartz and glass chips", *Analytical Chemistry*, vol. 68, S. 4285-4290, **1996**.

[157] J. Wang, A. P. Chatrathi, A. Ibanez, A. Escarpa, "Micromachined separation chips with post-column enzymatic reactions of "class" enzymes and end-column electrochemical detection: Assays of amino acids", *Electroanalysis*, vol. 14, S. 400-404, **2002**.

[158] M. Pumera, "Microchip-based electrochromatography: designs and applications", *Talanta*, vol. 66, S. 1048-1062, **2005**.

[159] M. Abdelgawad, M. W. L. Watson, A. R. Wheeler, "Hybrid microfluidics: A digital-to-channel interface for in-line sample processing and chemical separations", *Lab on a Chip*, vol. 9, S. 1046-1051, **2009**.

[160] Z. Shen, X. J. Liu, Z. C. Long, D. Y. Liu, N. N. Ye, J. H. Qin, Z. P. Dai, B. C. Lin, "Parallel analysis of biomolecules on a microfabricated capillary array chip", *Electrophoresis*, vol. 27, S. 1084-1092, **2006**.

[161] Z. L. Huang, L. J. Jin, J. C. Sanders, Y. B. Zheng, C. Dunsmoor, H. J. Tian, J. P. Landers, "Laser-induced fluorescence detection on multichannel electrophoretic microchips using microprocessor-embedded acousto-optic laser beam scanning", *Ieee Transactions on Biomedical Engineering*, vol. 49, S. 859-866, **2002**.

[162] R. S. Martin, K. L. Ratzlaff, B. H. Huynh, S. M. Lunte, "In-channel electrochemical detection for microchip capillary electrophoresis using an electrically isolated potentiostat", *Analytical Chemistry*, vol. 74, S. 1136, **2002**.

[163] J. Tanyanyiwa, S. Leuthardt, P. C. Hauser, "Conductimetric and potentiometric detection in conventional and microchip capillary electrophoresis", *Electrophoresis*, vol. 23, S. 3659-3666, **2002**.

[164] M. Pumera, "Microfluidics in amino acid analysis", *Electrophoresis*, vol. 28, S. 2113-2124, **2007**.

[165] E. M. Abad-Villar, P. Kuban, P. C. Hauser, "Determination of biochemical species on electrophoresis chips with an external contactless conductivity detector", *Electrophoresis*, vol. 26, S. 3609-3614, **2005**.

[166] H. Mühlberger, W. Hoffmann, "Messgerät zur Kapillarelektrophorese", in *Deutsches Patent- und Markenamt*, Gebrauchsmuster Nr. 20 2005 009 960.0, München, **2005**.

[167] Y. L. Mourzina, A. Steffen, D. Kalyagin, R. Carius, A. Offenhausser, "Capillary zone electrophoresis of amino acids on a hybrid poly(dimethylsiloxane)-glass chip", *Electrophoresis*, vol. 26, S. 1849-1860, **2005**.

[168] P. Coufal, J. Zuska, T. van de Goor, V. Smith, B. Gas, "Separation of twenty underivatized essential amino acids by capillary zone electrophoresis with contactless conductivity detection", *Electrophoresis*, vol. 24, S. 671-677, **2003**.

[169] J. Tanyanyiwa, E. M. Abad-Villar, P. C. Hauser, "Contactless conductivity detection of selected organic ions in on-chip electrophoresis", *Electrophoresis*, vol. 25, S. 903-908, **2004**.

[170] G. Rehner, H. Daniel, *Biochemie der Ernährung,* Heidelberg, Berlin: Elsevier-Spektrum Akademischer Verlag, 2. überarbeitete und erweiterte Auflage, **2002**.

[171] J. S. Coombes, L. R. McNaughton, "Effects of branched-chain amino acid supplementation on serum creatine kinase and lactate dehydrogenase after prolonged exercise", *Journal of Sports Medicine and Physical Fitness*, vol. 40, S. 240-246, **2000**.

[172] W. J. Kraemer, D. L. Hatfield, J. S. Volek, M. S. Fragala, J. L. Vingren, J. M. Anderson, B. A. Spiering, G. A. Thomas, J. Y. Ho, E. E. Quann, M. Izquierdo, K. Hakkinen, C. M. Maresh, "Effects of Amino Acids Supplement on Physiological Adaptations to Resistance Training", *Medicine and Science in Sports and Exercise*, vol. 41, S. 1111-1121, **2009**.